Simply Complexity

A Clear Guide to Complexity Theory

简单的复杂

[英] 尼尔·约翰逊_著
(Neil Johnson)
江生 于华_译

中信出版集团 | 北京

图书在版编目（CIP）数据

简单的复杂 /（英）尼尔 · 约翰逊著；江生，于华
译 . -- 北京：中信出版社，2022.11
书名原文：Simply Complexity
ISBN 978-7-5217-4829-1

Ⅰ . ①简… Ⅱ . ①尼… ②江… ③于… Ⅲ . ①科学学
Ⅳ . ① G301

中国版本图书馆 CIP 数据核字 (2022) 第 186159 号

简单的复杂
著者：　[英] 尼尔 · 约翰逊
译者：　江生　于华
出版发行：中信出版集团股份有限公司
（北京市朝阳区惠新东街甲 4 号富盛大厦 2 座　邮编　100029）
承印者：　鸿博昊天科技有限公司

开本：787mm×1092mm 1/16　　印张：17　　字数：183 千字
版次：2022 年 11 月第 1 版　　印次：2022 年 11 月第 1 次印刷
京权图字：01–2021–6560　　书号：ISBN 978–7–5217–4829–1
定价：69.00 元

目 录

推荐序 1

有自主决策能力且相互作用的对象组成的群体，会涌现出超乎个体的复杂性，其中或许隐藏着“智能”的产生机制。遗憾的是，群体智能恰好是当前人工智能较少涉足的领域。

《简单的复杂》是一本深入浅出的科普书，作者通过日常生活中司空见惯的现象来解释复杂系统。虽说复杂性科学（也称作“复杂科学”）以数学为基础，但读者不必担心遭受抽象公式的“虐待”，所有大道理都被巧妙地隐藏在故事之中。每一位对复杂性感兴趣的读者，都可以享受轻松阅读的愉悦。

倘若未来的某天，科学家从一些简单的规则出发构造出具有复杂行为的智能体，我不会对这场科学革命感到意外。复杂性科学是一门生机勃勃的大科学，在社会学、经济学、生物学、智能科学等领域有着广泛的应用前景——尽管它尚处于起步阶段，缺乏形式化的系统理论。本书的出版正是为普及复杂性理论所做的一次尝试。年轻的学子们，如果你们心怀献身科学的梦想，复杂性科学无疑是最前沿的研究方向之一。

对复杂系统缺乏直观理解的读者不妨想想三体问题：在不同的质量、初始位置和初始速度的设定之下，仅靠万有引力相互作用的三个天体质点（如太阳、地球、月球）所表现出的复杂的运动轨迹，通常无法显式地精确求解，更何况多体问题！我们只能定性地分析，或者用数值方法求近似解。

股票市场比多体系统更为复杂，因而也更难以预测。应对不确定性，我们有随机数学，可是它远远不够。当一个系统在无序和有序之间切换时，它便是复杂的。无序中有有序，有序中有无序，复杂性真是美妙！也许，人类永远不可能成为无所不及的上帝或洞悉入微的拉普拉斯妖，这个宿命会被复杂性科学确认。

然而，如作者所期待的，我们仍然可以利用复杂系统的规律来远离混沌、了解市场、消除谣言、疏散交通、寻找伴侣、赢得战争、阻断流感、饿死肿瘤……对复杂性了解得越深，就越接近自然的本质，虽然我们无法得到它。

恕我不能透露太多的细节，以免影响读者探索此书的乐趣。作为复杂性科学的科普著作，《简单的复杂》出自一位严谨的科学家之手，虽非专业文献，但极富思想性。翻译它的过程令译者受益匪浅，愿它也能启迪您的心智。

最后，真诚地祝愿祖国的科普事业蒸蒸日上，科学精神深入人心。

江生

于美国加州硅谷

推荐序 2

当我们看到生命的演化、脑神经网络的运作、量子纠缠、人工智能、深度学习、蚁群建构的庞大蚁巢以及病毒对我们的入侵时，你如何想到这和你出家门时要选哪条公路，星期五要不要去一家受欢迎却可能让你白跑一次的酒吧，此刻要不要进入房地产市场，应该选哪一只股票，面对换工作的机会要不要把握，甚至“众里寻她/他千百度”的情感配对过程，背后竟然是一个一致的道理。是不是很神奇？我们又要如何学到这个道理？

尼尔·约翰逊曾是牛津大学的物理学教授，研究复杂科学，却常年沉浸于对恐怖主义袭击、枪击群众事件、网络仇恨传播以及金融市场复杂性等领域的研究，这本《简单的复杂》是他对复杂系统研究的科普之作。他以一个实习生在文件架前每天归档为例，说明什么是复杂系统，深入浅出地展现复杂系统在有序与无序间的演化，更以系统中一类特定的行为——竞争有限资源的博弈行为为例，逐步进入一个又一个日常决策场景，比如选择哪条路回家，要不要去酒吧，买不买股票，如何寻找伴侣，等等，展示出促成这个系统演化的动力机制，亦即一群有自由决定权的主体以系统中存在的某种机制相互反馈信息，从而形成复杂的演化。

作者更是一步一步地在这个动力机制的解释模型中加入上述的互动与反馈，包括信息在时间上的反馈——记忆，信息在空间上的反馈——人际传播，信息反馈的通路结构——关系网结构，以及系统涌现出的结果——时而像无序的随机事件，时而又出现有序的、可预测的“通道与方向”，而这个“通道与方向”是由局部有序的行为涌现而来的，也可以由局部有序的行为观察得知。当“狭窄通道与明确方向”出现时，系统就变得可预测，这与自古以来我们中国人所理解的“势”类似，体现的是我们经常说的，懂得审时度势、观势而动、顺势而为、趁势而起，甚至造势成事等复杂社会中所需要的大智慧。虽然书中也会提及这些动力模型、涌现机制与理论解释的复杂科学研究的来源，但语言通俗易懂，能很好地帮助我们了解复杂思维背后的智慧肌理。

最后两章尼尔·约翰逊去到其他复杂科学研究的领域，让我们看到在传染病的阻断、癌细胞的围歼、量子纠缠的应用、量子博弈的可能等领域中，复杂科学正在攻城略地，难怪霍金说 21 世纪将是复杂科学的世纪。

当然，本书的介绍也只是一个开端，一方面，书中的全部模型建立在多主体对有限资源的博弈上，这是对“事”的行动，但在竞争博弈策略之外，人还有利他与合作策略的行为。此外，从人的角度，和谁建立关系？和谁切断关系？是因为利益交换建立关系，还是因为利他与认同建立关系？这些决定了网络结构的自我生成与演化结果（本书中的理论，网络是给定的而非自组织生成的，且主要以中心辐射网络建立模型），而系统中的主体自组织出的局部结构，会带来的局部秩序，这正是系统涌现出“势”的原因，也是我们“观势”的关键点。有关复杂社会系统的研究才刚刚开始，还有更多的行为与结构类型可以加入今天的理论模型，一步步逼近我们真实的复杂社会现况。

面对一会儿无序，一会儿有序，不确定性那么高的复杂社会，本书也教会了我们一些有关“复杂系统管理学”的妙招，我们不可能控制复杂系统，但如何像“点穴战法”一样，在系统演化的关键时间，在互动网络的关键节点上轻度地干预，使系统走向我们期待的“通道与方向”？这又让我直接联想到中国人的管理智慧，“四两拨千斤”和“观势布局”等等。复杂系统管理已然是我们今天必须学习的智慧，而本书不失为理解复杂性道理的良好开端。

罗家德

前　言

现在是2050年，你正在观看综艺节目《谁想成为亿万富翁?》。再答对一个问题，选手就可以获得头奖。问题来了:“21世纪初，科学家开始创建一种理论，以解决全球性的交通拥堵、金融市场崩溃、恐怖袭击、病毒流行和癌症问题。这个理论是什么?”参赛者简直不敢相信自己的好运。多简单的问题啊！但他太紧张了，脑子里顿时一片空白。他开始考虑选项A:“它们都是尚未解决的问题”，但很快意识到这是一个愚蠢的答案。他开启了自己的终极求助，向观众提问。观众立即异口同声地喊出选项B:“复杂性理论”。他毫不犹豫地选择了B选项。节目主持人递给他一张支票，世界上又诞生了一位亿万富翁。

这纯属白日梦？或许不是。

本书将带我们踏上了解复杂性本质的探索之旅。复杂性是一门新兴科学，它将激发所有学科——从医学、生物学到经济学和社会学的新一轮发展浪潮。复杂性科学为我们带来解决一系列重要问题的希望，这些问题关乎个体，也关乎整个社会。因此，它将渗透到我们生活的方方面面。

然而，现在我们面临着一个问题：人们尚未建立一套成熟的复杂性“理论”。为此，我将在本书中搭建一个通用框架，汇集该理论所有可能的要素，然后在这个框架内分析它在现实世界的各种应用。最终的整合需要后起之辈来完成——也许此人正是本书的某位年轻读者。

复杂性科学极有可能是一把双刃剑。它是真正的“大科学”，因为它包含学术界一些最棘手、最基本、最具挑战性的未解之谜。然而，它也涵盖我们每天面对的重要的现实问题，从个人生活和身心健康，到全球安全。做比萨饼很烦琐，但并不复杂。填写纳税申报单，或修补自行车车胎也是一样。只要按照说明一步一步地做，总能完成，不会遇到什么大麻烦。但想象一下，试着同时做这三件事会怎样。此外，假设你在一项任务中遵循的步骤取决于另外两项的进展情况，又会怎样？有难度吗？你看到的正是复杂性的例子。记住这个场景，现在将这三个相互关联的任务换成三个相互关联的人，这三个人都按照自己的直觉和策略对另外两人的行为做出反应。替换后的场景让我们看到，复杂性是如何从日常生活中涌现出来的。

写这本书时，我的头脑里有一份有关写作目标的“愿望清单”：

1. 本书面向广大热爱阅读、享受阅读的读者，不受年龄、背景或科学知识水平的限制。

2. 向读者介绍一些激动人心的现实场景，在这些场景中，复杂性科学可以证明自身的价值。

3. 为读者提供一本“从未拥有，一直想读”的关于复杂性的书。换句话说，为这场重要的科学革命献上一本易读且全面的指南。

4. 写一本孩子可以阅读的书——更确切地说，完全由他们自主选择阅读的书。这个目标非常重要，因为复杂性很可能成为后代感兴趣的科学。

5. 写一本人们在飞机上或者公共汽车上也能轻松阅读的书，就像在图书馆里阅读一样。因此，即使是简短的内容也应该有意义。

6. 为内行的科学家、经济学家和决策者提供看待其专业领域中开放问题的新视角，激发新的基于复杂性的跨学科研究项目。

然而，当我写完这本书，将它呈现给潜在读者时，我意识到上述愿望清单大致可简化为一个：我希望你在阅读中获得快乐，它可能会为你提供新想法和新见解，以应对我们身处的复杂世界，以及子孙后代将要继承的复杂世界。

我想简要介绍一下本书的内容和布局。本书的重点是解释何为复杂性科学，以及它为何对每个人都至关重要。书中的语言、例子和类比力求简洁。为此，在正文中我不会过多地着墨于细节。作为本书讨论基础的学术论文被我放在了附录里，附录里还有一份全球复杂性研究网站清单。话虽如此，但只要是我认为相关的话题，我都会知无不言，言无不尽。本书的第 1 部分介绍了复杂性的理论基础，第 2 部分深入探讨了复杂性在现实世界中的应用。有些新兴领域的问题基本上没有答案。纵观历史上的其他科学革命，这种现象似乎不足为奇。然而，本书并非在探讨历史——恰恰相反，我们研究的是一门新学科的前沿领域。因而，我们将聚焦于它的发展方向，而不是历史沿革。

但是你凭什么要相信我笔下的复杂性？这个问题很重要。毕竟，复杂性科学仍处于发展中，其潜在应用也在探索之中。遗憾的是，大众媒体关于复杂性的描述都是二手的，也就是说，过往的作者对复杂性的研究非常有限（如果有的话），他们的写作内容主要是对他人作品的解读。复杂性研究仍处于相对不成熟的阶段，我认为这种间接解释具有潜在的危害。出于这个原因，我将以自己的研究团队在复杂性方面的经验为基础编写此书。这样做有很多优势：（1）它反映了我对复杂性领域的理解；（2）讨论的是我认为最相关、最重要的话题；（3）有望让读者体验到在这个具有挑战性的研究领域中发现宝藏的感受；（4）确保所有读者都可以直接质疑我提出的任何观点，并有权要求得到有价值的回复。为方便公众审查，附录的后半部分提供了相关科研报告的完整清单。欢迎读者通过电子邮件向我提问。邮箱地址：n.johnson@physics.ox.ac.uk。

最后，我要向以下几位才华横溢的科学家表示最真挚的感谢。我很荣幸，能够与他们一起探讨复杂性问题。他们是许伯铭、路易斯·基罗加、费尼·罗德里格斯、迈克·斯帕加特、豪尔赫·雷斯特雷波、埃尔维拉·玛丽亚·雷斯特雷波、罗伯托·扎拉玛、德里克·阿伯特、邱凡·李、蒂姆·贾勒特、亚历山大·奥拉亚·卡斯特罗、戴维·史密斯、肖恩·古利、塞约·查理·蔡、道格·阿什顿、马克·麦克唐纳、奥马尔·苏莱曼、纳基·古普塔、尼克·琼斯、本·伯内特、亚历克斯·迪克森、汤姆·考克斯、胡安·帕布洛·卡尔德隆、胡安·卡米洛·博霍克斯、丹·雷斯坦、马克·朗多、保罗·萨默斯、斯泰西·威廉姆斯、丹·芬、理查德·伊卡伯、阿德里安·弗利特尼、马克·弗里克、菲利普·麦尼、山姆·豪森、蒂姆·哈尔平－希利、戴维·沃尔伯特和卡根·图默。特别感谢菲利克斯·里德－佐查斯和珍妮特·埃夫斯塔蒂奥，他们也是我在牛津大学跨部门复杂系统研究小组的联合负责人。上面提到的许多科学家在本书的研究探讨中发挥了重要作用——我已在适当的地方明确指出他们的贡献。非常感谢寰宇出版公司的玛莎·菲利恩，她对本书的写作提出了建设性意见。感谢我的父母，他们温柔地鼓励我一路向前，完成终稿。

我要向埃尔维拉·玛丽亚、丹妮拉、尼古拉斯和迪伦表示最深切的谢意。感谢你们在我写作本书时，忍受了一个非常复杂的丈夫或父亲，也感谢你们为此推迟了去年的圣诞节假期。

英国牛津

2007 年

第 1 部分

何为复杂性科学

第1章
二者为伴，三者复杂

某种定义

查阅各种字典，你会发现复杂性的定义大致是这样：“复杂系统所表现出的行为。”再去查“复杂系统”，你可能会看到这样的定义：“行为表现出复杂性的系统。”这都说了些什么？很遗憾，复杂性不容易定义。更糟糕的是，不同的人对其有不同的理解。即使在科学界，复杂性也没有唯一的定义。一直以来，复杂性以及复杂系统的科学概念都是通过科学家眼中的特定案例来传达的，这些案例来自现实世界的复杂系统。

本书将深入现实世界复杂系统的核心，将“相互关联的对象”从复杂性中抽离出来。我们将揭示使事物变得复杂的奇妙因素，而不仅是描述复杂事物本身。同时，本书将会向读者展示，复杂性是如何深深植根于我们的日常生活的。我们还将了解到，复杂性为何会彻底改变我们对科学的理解，以及它为何会有助于解决社会中最具挑战性的问题。

复杂性可以概括为“二者为伴，三者成群”。换句话说，复杂性科学研究的是，从一群相互作用的对象中涌现的现象。人群是这种涌现现象的完美例子，因为一群相互作用的人构成了人群。我们只要回顾一下世界历史，就会发现很多由人类群体行为引发的重大事件。在日常生活中，通勤的人、金融市场交易者、人类细胞或叛乱分子都是群体的例子，而相关的群体现象包括交通堵塞、市场崩溃、癌症肿瘤和游击战。洪水、热浪、飓风和干旱等极端天气也可以被视为群体效应，因为它们是从水和空气的群体行为中产生的，而水和空气则以海洋、云、风、空气水分等形式出现。如果再加上人类的集体行为，特别是人类活动引起的环境变化，就会产生一种有争议的涌现现象——“全球变暖”。

复杂性的实际应用

在现实世界中，大多数复杂性案例的本质是，一群对象抢夺某种有限的资源，例如食物、空间、能源、权力或财富。在这种情况下，群体的出现可能产生非常重要的实际后果。例如，在金融市场或房地产市场中，为了有效争夺买家而自发形成的一大群急于抛售的人，这可能导致短期内价格大跌，即市场崩溃。同一时间段，在特定道路上争夺空间的通勤者也会引发群体现象，这会导致交通堵塞，相当于市场崩溃。其他例子包括互联网过载和断电，用户同时访问某个计算机系统或同时使用电网，从而耗尽其可用资源。甚至战争和恐怖主义也可以被视为不同群体的集体暴力活动，其本质是为掌控同一资源（如土地或政治权力）而斗争。

复杂性科学的终极目标是理解、预测和控制涌现现象——特别是潜在的灾难性群体效应，如市场崩溃、交通堵塞、流行病、癌症、人类冲突和环境变化。它们是可预测的，还是毫无预警地突然出现？我们可以控制、操纵甚至规避它们吗？

涌现现象的显著特质是，它们的出现不需要任何核心管理者和协调者。试想一下，为了重现某种交通拥堵现象，核心管理者要费多大精力去协调和沟通。换句话说，想象一下，为了确保所有司机同时出现在同一条路上，并且以一种特定的模式行驶，他要拨打多少通电话。这根本没法实现。这个例子反映出复杂系统的普遍特征：涌现现象不需要一只“看不见的手”。相反，对象的集合能实行自组织，让涌现现象像变魔术一样完全自发地出现。

涌现现象的势头也非常迅猛。我们都知道，无论是有意还是无意，人们很容易在从众心理的跌宕起伏中迷失自我。20 世纪 70 年代，社会上掀起了一场时尚和发型的文化狂潮：想想喇叭裤和松糕鞋吧。20 世纪 90 年代，我们经历了臭名昭著的互联网泡沫，公司员工同意以股票期权而不是现金作为薪酬，直到 2000 年 4 月泡沫破裂时，他们才发现自己身无分文。谁没有过这种经历？在人潮拥挤的街上漫步，发现自己与同伴走散了，正走向自己并不想去的方向？我们每个人似乎都有一种与生俱来的融入群体的渴望，但从个体的角度来看，这可能不是最明智的决定。想想房产或汽车交易。你如果在别人都买入的时候卖出，就会得到更理想的价格，反之亦然。

涌现现象不仅限于人群。动物的世界也有很多自组织的例子：从蚂蚁的路径和黄蜂群，到鸟群和鱼群。事实上，生物学是这些集体现象的宝库——从免疫系统对抗入侵病毒的集体反应，到驱动许多重要生物过程的细胞间通信和信号的传递。所有这些效应都属于涌现现象，这正是不同学科的研究者对复杂性越来越感兴趣的原因。

人人都关注（担忧）的健康和医疗是复杂性应用的典型例子。我们的免疫系统由一些对抗入侵病毒的防御机制组成。然而，就像交通、股市和互联网一样，系统本身也可能出错。比如，免疫系统的集体反应最终攻击了健康组织。因此，从人类健康的角度看，了解我们能在多大程度上预测、管理甚至控制复杂系统，意义特别重大。事实上，它甚至可能带来全新的治疗方式，即利用身体的集体反应来解决某个器官的特定问题，而不是依赖某种靶向治疗。癌症是群体效应出错的一个非常可怕的例子，就像交通拥堵等其他复杂系统现象一样，细胞开始不受控制地繁殖。在避免杀伤力更强的副作用的前提下，如何缩小肿瘤，是非常棘手的医学难题。举个例子，任何破坏肿瘤的治疗都可能间接导致恶性程度最强的细胞生存下来。

人们对复杂性的兴趣不仅限于人、动物或细胞这些自然对象。一组对象在不需要核心管理者的情况下，产生涌现现象的能力引发了 NASA（美国国家航空航天局）研究人员的兴趣。加利福尼亚州山景城的艾姆斯研究实验室是卡根·图默和戴维·沃尔伯特领导的一个研究团队，他们正在研究机器的涌现现象。这些机器可能是机器人、卫星，甚至是微型航天器。例如，为了快速有效地探索行星地表，NASA 正在研究一组相对简单的机器人，而不是更为复杂的大型机器。他们这样做有充分的理由。如果这组机器人中有一个出现故障，那么还有很多机器人可供选择。相反，大型机器发生一次故障，就可能导致巨额项目立即终止。这就是 NASA 不去探索独立的大型复杂卫星和大型宇宙飞船，而去探索一群简单卫星和一组微型宇宙飞船的原因。

NASA 对这类研究感兴趣还有一个更吸引人的原因。NASA 的大部分任务是向遥远的行星发送机器，而跨越如此远的距离，很难维持通信渠道的稳定性。如果 NASA 的工程师能坐下来，放松一下，让行星上的机器自己解决问题，那就太棒了。当然，安排机器着陆就像我们通过电话与一群朋友商量如何安排午餐聚会一样困难。以午餐聚会的常见问题做类比，你可能会认为，其中一台机器会充当本地协调器，逐个检查每台机器的位置和可用性，然后协调它们的行动。这听起来应该管用，但事实上，这样做会降低机器集合的性能，使其脆弱性等同于单个复杂机器。如果本地协调器出现故障，那么任务将再次终止。相反，机器集合的“杀手级应用”无需本地协调就能把工作做好，这也是 NASA 对复杂系统感兴趣的原因。事实证明，在经过适当选择的对象集合中，不使用独立控制器进行协调，而是让其争夺有限的资源，可以更好地发挥其作用。这正是 NASA 面对的情况，因为在行星表面的某块区域内，可收集的松动岩石通常较少。

一组自私的机器或许能发挥很大的作用。为了说明这一点，举一个发生在繁忙的购物中心的例子。设想一下，你丢了100美元。你组织了一个搜寻队，告诉大家找到钱之后会平分。如果搜寻队规模很大，你就很难协调每个人的行动，因此可能永远也找不到钱。相反，如果你告诉人们，谁找到，钱就归谁，那么在强烈的私欲驱使下，钱很快就能被找到。从这个意义上说，丢失的钞票就像行星上的石头。我们可以看到，自私机器的集体行动能解决相当复杂的搜索问题。

机器集合是如何通过单个机器的自适应和进化来实现自我设计的？有些研究小组在研究这一课题，研究借鉴了现实世界中人群的例子。毕竟，金融市场中的人除了以自私的方式争夺有限的资源，什么都没做，就像机器一样。这同样适用于路上的司机：正是因为他们在路上争夺空间，我们才会看到车辆通常以某种合理且规律的模式分布。

如果你正在飞机上阅读这本书，那么你可能想做一次深呼吸。机载计算机系统的日益高科技化意味着，未来的每架飞机都是一个需要管理和控制的复杂系统。但是，在创造自身挑战的同时，复杂性理念也被用来开发新式飞机。例如，斯坦福大学的依兰·克罗及其同事研究的项目是，在传统飞机机翼的背面加上一排自动微型襟翼。设计是这样的：微型襟翼根据飞机的计划轨迹，在恰当的时间就正确的方向展开定位竞争，就像自私的购物者为找到丢失的钞票，在恰当的时间就正确的位置展开定位竞争一样。因此，不再需要核心管理者（在飞行的例子中，是飞机驾驶员）。未来可能出现无人驾驶飞机，这在今天看来有点儿可怕，但很显然，只要机票便宜，行李能准时到达，许多人确实愿意乘坐这种飞机。

我们乘坐飞机时，空气状态是怎样的？更笼统地说，人类的集体行动对环境和气候有何影响？对日益稀缺的自然资源的全球性竞争正在加剧污染，加速森林砍伐，而这反过来会影响气候。气候由大气和海洋之间复杂而持续的相互作用形成，与水流、风和空气湿度息息相关。洪水、飓风和干旱是集体行为产生的极端现象。尽管科学家们知道如何用数学描述单个空气分子和水分子，但要描绘全世界数十亿空气分子和水分子聚集的图景，是极其复杂的。现在，再加上人类的集体行动，我们就突然遭遇了全球变暖。我们要面对一个复杂问题，即评估人类的集体行动如何影响全球气候，以及如何应对这一局面。

这就是复杂性的实际应用，从技术到健康，再到日常生活。但它在基础科学，特别是基础物理学中发挥作用了吗？事实证明，它确实发挥了作用，而且是在很大规模上发挥了作用。当深入原子层面时，涌现现象的范围大得惊人。电子是带负电的粒子，通常绕原子核运行。然而，你如果将大量电子聚集在一起，就会发现大量奇异的群体效应：从超导性到所谓的分数量子霍尔效应和量子相变等。

还不止于此。如果我们只取两个粒子，比如电子，它们就会表现出一种特殊的“量子群体效应”，我们称其为纠缠

(entanglement)。这是一种奇怪的涌现现象，爱因斯坦一生都对此困惑不解。事实上，基于量子群体的信息处理能力如此强大，以至人们提出了量子计算机的畅想。它是一种完全新式的计算机，比任何传统的个人计算机都要先进几光年。量子密码学可以产生绝对安全的密码。此外，还有量子隐形传送。大自然母亲可能已经利用了这种效应，更多内容参见第 11 章。

即使是爱因斯坦的时空和黑洞的基础物理学概念也无法摆脱隐藏的复杂性。爱因斯坦相对论的核心思想是空间和时间的结合。另一种说法是，两段时空可以通过光在其间的传递而相互作用。因此，整个时空结构是由相互关联的片段组成的复杂网络。可以说，它们只是表示相互作用的一组对象（即复杂系统）的另一种方式。在第 5 章中，我们将更详细地研究一般网络。

在所有例子中，群体现象的确切性质取决于单个对象之间的相互作用以及相互联系。仅仅根据单个对象的特性来推断涌现现象的性质是极其困难的（如果不是不可能的话）。因此，凡是有关基本量子力学的粒子（如电子）群体效应的新发现都会赢得诺贝尔物理学奖，这可是真的。比如，尽管我们了解单个电子的性质，但它们的集合所产生的涌现现象往往令人惊叹，以至每种现象本身都是了不起的新发现。就日常生活而言，我们知道，无论在形式上，还是在发生时间和持续时间上，市场崩溃和交通拥堵都可能发展到令人震惊的程度。我们很难预测群体效应会在何时、何种情况下出现，因而，复杂性科学也被称为“惊喜背后的科学”。

在科学、医学领域以及我们的日常生活中，复杂性的应用似乎随处可见。无论你是对基础物理学、生物学、人类健康感兴趣，还是只想避开下班回家路上的交通堵塞，复杂性都是关键所在。

我的生活为何如此复杂?

现在是下午 6 点，你要下班了，一心只想早点儿回家。但是应该选哪条路呢？事实证明你有选择的余地，其他人也一样。这就是重点：最佳路线是最通畅的路线，但正是所有人的集体决定确定了这条最佳路线。实际上，你并不是在决定回家的路线，而是在猜测其他人的选择。换言之，你是在猜测那些在路上争夺空间的人的选择。当然，其他人也在这么做。回想一下我们之前的讨论，这个日常场景包含一组争夺有限资源（道路空间）的对象（司机），因而是复杂系统的理想案例。

但你的复杂生活并不止于此。你最终回到家，决定出去放松一下。你想去某家酒吧。我们假设这家酒吧的空间有限，不是所有到场的人都能进去。你再次发现自己不得不做出选择：你是否考虑好了，冒着被拒之门外的风险去酒吧？还是冒着错过一个美好夜晚的风险宅在家里？由于酒吧空间有限，且生意红火，想要光顾的顾客较多，所以你要再次预测人群的选择，尤其要预测酒吧是否人满为患，然后根据预测结果来决定自己的行动。其他人也同样如此。这一场景包含一组竞争有限资源（酒吧座位）的对象（想去酒吧的人）。因此，这也是复杂系统的一个理想案例。

假设你决定不去酒吧，而是在家做一顿美味的晚餐。但你需要采购食材。应该去哪里买？市区的另一头有两家超市，一家叫“0”，另一家叫“1”。哪一家人少？这又是在竞争有限资源，这次是超市的空间。

用餐后，你决定上网查看一年前购买的股票，行情并没有好转。你在屏幕上看到价格走势图。股票价格跌宕起伏，但这带给你什么信息？你应该买入更多的股票，还是卖掉手中的股票？假设你决定卖出。如果其他人也做出同样的决定，这些股票就会突然供过于求。没有人会出高价买入你卖出的股票。相反，如果在买家很多的时候卖出，你就能大赚一笔。从房产到易贝，任何市场销售都是如此。即使是基于某种长期偏好或需求所进行的交易，何时买进或卖出也都是至关重要的决定，该决定主要取决于对他人行为的预测。换言之，你必须再次猜测人群。别人也和你一样，做着同样的事，显然不是人人都能赢。于是，我们又有了一个理想的复杂系统案例——一组对象（投资者）在争夺有限的资源（有利的价格）。

只要好好想一下，我们就会发现生活中有大量情景，让我们以各种方式拐弯抹角地揣测他人的行为。遗憾的是，对所有人来说，这种情况下的正确行动往往取决于他人的实际行动。更糟糕的是，随着时间的流逝，这些日常问题反复出现。于是，我们吃一堑长一智，调整战略以提高胜出的机会。换句话说，我们的日常生活变成了一场场正在进行中的游戏——各种“疯狂竞争”的游戏。

新墨西哥州圣塔菲研究所的布赖恩·亚瑟和约翰·卡斯蒂首先指出一个事实，即在日常生活中，一组对象（人）不断争夺某种有限的资源，这一现象很好地解释了日常生活的复杂性。但更值得注意的是，它还为我们提供了一个通用的复杂系统，用来描述许多科学、医学和技术场景。我们已经在前文讨论了与机器集合设计相关的各种应用，随着阅读的深入，我们将看到相同的通用组合以各种形式再次出现。

复杂性的关键要素

复杂性没有严格的定义，但这并不是什么坏事。毕竟，我们很难给“幸福”下定义，却知道它的特征。我们将以类似的方式描述复杂系统应有的特征，并研究它应表现出的行为，以此来刻画复杂性。这听起来可能非常抽象，但好在我们所讨论的日常场景提供了直接的帮助。事实上，正是这些特征让我们的日常生活如此纷繁复杂。

大多数复杂性的研究者都认同，一个复杂系统应具备以下大部分或全部要素：

系统包含一群相互作用的对象或“行为主体”[①]。就市场而言，他们是交易者或投资者。就交通而言，他们是司机。通常，

① agent 一般译为“智能体”。考虑到复杂系统中的对象可能是真菌、蚂蚁等非智能体，本书采用“行为主体”这一更贴切的译法。——译者注

科学界将这类对象称为行为主体。这些主体之间相互作用的原因可能是物理上彼此接近，或者同为某个团体成员，或者共享某些信息。例如，看同一只股票价格的投资者，或者在广播中收听同一份交通报告的通勤者，他们通过共享公共信息联系在一起。另一方面，一些行为主体可能通过私人信息联系在一起，比如两位投资者碰巧是朋友，在电话里分享他们的私事。在某种程度上，他们通过相互作用产生连接，也可以被视为网络的一部分。因此，网络研究与行为主体集合的研究共同成为复杂性科学必不可少的一部分。事实上，对于许多学界科学家来说，研究复杂性就是研究行为主体和网络。

这些对象的行为受记忆或“反馈”的影响。这意味着过去的事会影响现在的事，此处发生的事会影响彼处发生的事，即连锁效应。例如，如果前几天晚上你回家时都选择 0 号公路，那儿总是人满为患，今晚你就可能选择 1 号公路。这就是你用过去的信息来影响现在的决定。换言之，过去的信息已经反馈到你现在的决定中。当然，这种反馈的性质会随时间变化而改变。例如，如果今天是周一而不是周末，你可能就不太在乎过去的结果。每个人拥有的记忆整合起来，最终也可能在整个系统中留下记忆。比如，在交通或股票市场中出现某种特定的整体模式或序列。

对象可以根据过去的情况调整策略。这仅仅意味着行为主体为了实现自我完善，可以自行调整其行为。

系统通常是“开放的”。这意味着系统可能会受到环境的影响，比如市场可能会受到某家公司收益的外部消息影响，或者交通会受到某条道路封闭的影响。相反，封闭系统意味着不与外界接触，这有点儿像荒岛上没有互联网的办公室。这听起来很新鲜，实际上这种真正封闭的系统很少。更为常见的是以某种方式与外部世界接触的系统。事实上，唯一真正封闭的系统是宇宙。棘手的问题是，物理学中最基本的理论只适用于封闭系统（详见第 2 章）。对复杂系统感兴趣的不仅是工程师、生物学家和社会科学家，还有理论物理学家，这就是原因之一。

作为结果的复杂系统显示出以下行为，它们都是复杂性的特征。

系统是“活的”。行为主体在反馈的影响下相互作用并逐步适应，在行为主体生态的驱动下，系统以一种非常壮观且复杂的方式发展。例如，金融分析师常常将市场当作一个有生命、会呼吸的对象来谈论，用悲观或自信等词来形容它，称它为熊市或牛市等。

系统的涌现现象通常出乎意料，还有可能是极端的。用科学术语来说，这个系统极不平衡。说到底，它意味着任何事情都可能发生。如果你等的时间足够久，它就真的会发生。例如，所有市场最终都会出现某种崩溃，所有交通系统最终都会出现某种堵塞。通常，这种现象出现的时间出乎意料，这是令人惊讶的一个方面。但系统的涌现现象本身也会令人猝不及防，因为仅凭对个体对象特性的了解，人们无法预测这些现象。例如，对水分子性质的任何理解都不可能预测，某座冰山会撞沉驶过的泰坦尼克号。就市场崩溃和交通堵塞等涌现现象而言，一个重要的问题是，这些极端事件是否可能源于某种错误的喜剧，就像一张多米诺骨牌撞倒另一张。例如，在动画片《机器人历险记》中，一张小多米诺骨牌的倒下最终引发了多米诺海啸——比格韦尔先生和其他机器人在上面冲浪。

涌现现象的出现通常不涉及“看不见的手”或中央控制器。换句话说，复杂系统可以以复杂的方式自我发展。因此，复杂系统往往大于各部分的总和，这只是“二者为伴，三者成群”的另一种说法。宇宙本身是某种复杂系统，这一特性对所谓智慧设计论的支持者造成了毁灭性的打击。

系统表现出有序和无序行为的复杂组合。例如，在特定时间和特定地点，道路网络出现了交通堵塞，然后堵塞消失。更笼统地说，所有复杂系统似乎都能够自发地在有序和无序之间移动。也就是说，它们似乎展现出各种局部有序。我们将在后面的章节再次探讨这一话题。

复杂性：所有科学的科学

但是复杂性增加了什么价值？毕竟，只有在增加新见解或带来新发现时，复杂性科学才具有真正的价值——比如，揭示先前被认为不相关的现象之间存在关联。如果我们只是老酒装新瓶，重新包装已有的知识，然后起一个新名字，那是毫无意义的。例如，你可能会认为，古往今来，科学家研究的事物已经很复杂了，称得上是复杂性科学。正如后面的章节所提到的，在我们的清单里，科学家研究过的很多系统都可以称为复杂系统，这一点毋庸置疑。然而一直以来，科学家看待这些系统的方式并没有利用复杂性科学的任何观点。特别是，他们没有适当地探索这些系统之间的联系，尤其是像生物学和社会学这种不同学科系统之间的联系。考察一下从某一系统（比如生物学）的某部分中获得的洞见是否有助于我们理解完全不同的学科（比如经济学），这的确令人着迷。牛津大学的马克·弗里克、珍妮特·埃夫斯塔蒂奥和菲利克斯·里德－佐查斯正在进行的研究就是一个很好的例子。在该研究中，他们分析了一种真菌的营养供应链，以了解是否可以为零售业的供应链设计提供经验。

在日常生活中，忽视两种被认为不相关系统的相似性所产生的负面作用，类似于某人非常熟悉纽约、华盛顿和波士顿的文化生活，但从未意识到，这些城市因为都位于美国的东海岸而拥有共同的文化。遗憾的是，我们如果要将这样的桥梁搭建在科学界，就会面临双重困难，因为没有哪个科学家能了解其他相关领域的所有细节。这不仅阻碍了复杂性科学的整体发展，还减少了我们突破性理解现实世界重要系统的机会。

大部分传统物理学研究都在试图理解我们所看到的微观细节。出于这一原因，物理学家砸开原子，观察里面的微量物质，然后又砸开这些微量物质，观察其内部，最终达到夸克的级别。这当然是复杂的，但从某种意义上说，这种简化方法恰恰与复杂性的本质背道而驰。复杂性关注的不是把东西砸开，发现其构成成分，而是在相对简单的成分集合中，看看能产生什么新现象。

换句话说，复杂性关注的是复杂而出乎意料的事物，它们从一组对象的相互作用中产生，而这些对象本身可能很简单。因此，推动复杂性科学的哲学问题与乐高玩具制造商的问题相似：从一组非常简单的物体开始，我能创造出什么？我能让它们产生怎样复杂而令人惊讶的事物？如果我把这块乐高换成另一块会怎样？这会改变我想要组装的物体的形状吗？如果我漏掉了几块，或者多加了几块，会让所构建的可能物体的范围发生怎样的改变？

进一步说，复杂性量化理论研究背后的基本哲学是，我们不需要完全理解构成整体的对象，就可以理解它们组合在一起可能产生的结果。简单的微量物质以一种简单的方式交互，可能会产生纷繁复杂的现实结果——这就是复杂性的本质。

因此，对于以传统简化论理解世界的方法来说，复杂性是一记响亮的耳光。例如，想预测新的道路系统中何时何地会出现交通堵塞，即使我们对汽车发动机的规格、颜色和形状了如指掌也无济于事。同样，在拥挤的酒吧里了解顾客的性格，对预测可能发生的骚乱几乎毫无用处。在医学领域，对单个脑细胞的理解很可能无助于我们了解阿尔茨海默病的防治方法。

截至目前我们学到了什么？我们已经清楚，在许多科学领域乃至诸多学科和日常生活中，复杂性至关重要的原因。特别是，我们已经看到，复杂性将不同的科学学科所引发的看似不相关的现象联系起来，这一作用非常重要。因此，我们有理由将复杂性视为一种包罗万象的科学，甚至可以将其称为“所有科学的科学”。

第2章
无序主宰一切

系统复杂性的特征之一是，表现出出人意料、极端和自发的涌现现象。想想交通堵塞或金融市场崩溃。尽管某些现象确实是由特定的外部事件引发的（如交通事故或某家公司宣布破产），但大部分情况下，它们的出现或消失并没有明显的原因。尤其是，没有神秘的“看不见的手”在背后设计或控制。那么，是什么让它们自动出现和消失？

我们都有这样的经历：开心地行驶在一条畅通无阻的路上，突然发现自己无缘无故陷入了交通堵塞。然后，拥堵又神秘地消失了。我们继续往前开，想看看拥堵的原因，比如交通事故，结果发现并没有。同样的情况也发生在金融市场。实际上，由某个或某些事件造成市场崩溃的情况非常罕见。你会听到某位金融专家说原因是X，而另一位则说是Y。例如，人们认为2000年4月前后的互联网泡沫破裂“在劫难逃”。但为什么会在那个特定的时间发生？如果专家们确信它会发生，为什么不能事先预测？

复杂系统从其自身行为中产生变化的非凡能力，意味着它能以一种极其随机的方式运行，然后突然表现出类似于交通堵塞或市场崩溃的极端行为。现实世界中，复杂到可以表现出极端行为的系统有很多。例如，手机网络中的数据包流相当于汽车流，计算机系统中的用户需求相当于交易者的需求。我们的身体也非常复杂，可能出现极端变化，例如，心脏病发作、癫痫发作、免疫系统崩溃，都是体内突如其来的集体行动，它们自发形成，出乎意料。无论我们认为哪种现象与自己的生活关系最为紧密，很显然，查明这种极端行为的根源都至关重要，然后我们才能思考能否找到方法来预测、控制甚至避免它。

但是，还有一种奇怪的现象。一组原本独立的对象突然以某种同步的方式胶着在一起，于是发生了交通堵塞和市场崩溃。实际上，它们是相当有序的结果。不知何故，它们从每天的交通和市场混乱中涌现出来，犹如从天而降。例如，交通堵塞意味着大量分散的汽车突然聚集，排着队，缓慢移动；而市场崩盘意味着原本随机交易的金融市场，突然挤满了同时决定抛售的人。更重要的是，这种效应会突然消失。到底发生了什么？

在没有任何外部帮助的情况下，复杂系统能够自发地在有序行为（如交通堵塞、市场崩溃）和典型的无序行为之间来回移动。换句话说，复杂系统可以在无序和有序之间自由移动，循环往复，因此可以说它展现了“局部有序”。这种局部有序的出现对于预测和控制系统意义重大。它们的表现也很神秘，如果一袋未分类的袜子是一个复杂系统（事实并非如此），那么它应该能自组织成一堆有序的袜子，好让我们放入衣橱。这是个好主意，但我们都知道，即使是一堆袜子这种简单系统，也不会出现此类现象。因此，复杂系统的核心，一定有更复杂的事情发生，这需要我们去了解。好消息是，从实用的角度讲，复杂系统中确实存在着某些秩序，这给我们带来了希望。也许可以找到一种方法，预测系统未来演变的部分趋势，甚至实现对它的管控。

这些局部有序可以表现在时间和空间上。例如，交通堵塞出现在特定的时间和地点，然后消失。市场崩溃也发生在特定的时间和特定的世界市场，然后消失。本章的目标是理解为什么会出现这样的秩序。但要做到这一点，我们的研究需要从有序走向无序。从一个典型的工作日开始，再好不过了。

又一个工作日

为什么整理桌子、办公室或时间表这么难？为什么经过几个月的使用，即使最有序的电脑似乎也会遇到各种文件冲突？答案很简单："无序主宰一切。"

让我们深入研究它的含义。以任意一群有组织的对象为例，比如办公室文件。假设你的工作非常出色，这些文件可能排列得井井有条。想象一下，你的文件架上有 2 份文件，此时它们被分配给你的一名粗心的暑期实习生。

2 份文件、1 个文件架和 1 名粗心的实习生：

假设文件被标记为 A 和 B。如图 2.1 所示，对于这 2 份文件组合，只有 2 种可能的排列方式：

排列 1：文件 B 在文件 A 上

排列 2：文件 A 在文件 B 上

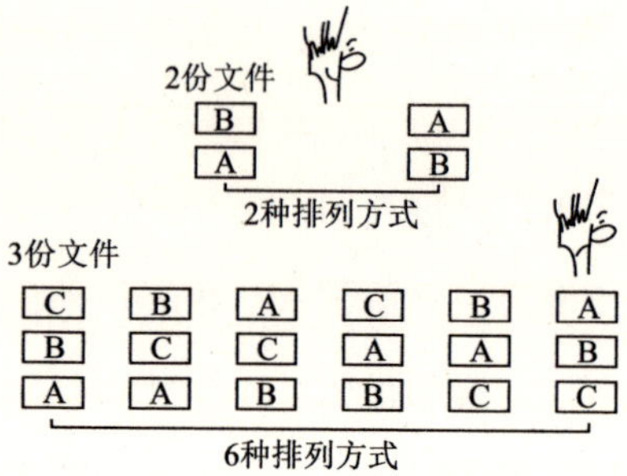

图 2.1　标记为 A、B 的两份文件（上图）以及标记为 A、B、C 的 3 份文件（下图）可能的排列方式。

对于只有 2 份文件的情况，这 2 种排列基本上是有序的。换句话说，如果粗心的实习生不小心打乱了你的文件，那么他只需颠倒一下顺序即可。如果你发现文件的排列不符合你的要求，那么你将文件换一下位置即可。

3 份文件、1 个文件架和 1 名粗心的实习生：

现在，让我们想象一下，你的工作稍微忙了点儿，有 3 份文件，而不是 2 份。我们假设这些文件被标记为 A、B 和 C。坏消息来了：尽管我们只增加了 50% 的文件数量，但可能的排列方式数量却是原来的 3 倍。如图 2.1 所示，列表如下：

排列 1：文件 C 在文件 B 上，它们在文件 A 上

排列 2：文件 B 在文件 C 上，它们在文件 A 上

排列 3：文件 A 在文件 C 上，它们在文件 B 上

排列 4：文件 C 在文件 A 上，它们在文件 B 上

排列 5：文件 B 在文件 A 上，它们在文件 C 上

排列 6：文件 A 在文件 B 上，它们在文件 C 上

文件从 2 份增加到 3 份，意味着可能的排列方式从 2 种变成了 6 种。现在，粗心的实习生可以用 6 种方式重新排列文件。

4 份、5 份或更多文件有多少种排列方式？显然数量更多，但多出多少？有一种简单的方法可以算出结果。假设我们以 3 份文件为一组，在 A、B、C 中选一份放在最底层。比如，我们选择 A。中间层有 2 个可能的选择，我们选择 C，最后只剩下文件 B，放在最顶层。换句话说，底部有 3 种可能性，乘以中间的 2 种可能性，以及顶层的 1 种。排列的可能性用数学方式表示，就是：

（底层 3）×（中间 2）×（顶层 1）=3×2×1=6，如图 2.1 所示。

3 份以上的文件、1 个文件架和 1 名粗心的实习生：

因此，对于标记为 A、B、C、D 的 4 份文件，我们有 4×3×2×1=24 种可能的排列方式。对于 5 份文件，有 5×4×3×2×1=120 种可能的排列方式。但这听起来不像是现实中的办公室。毕竟，10 份文件堆成一堆是很常见的事。让我们看看 10 份文件的排列情况。按照上述算法，可以得出，可能的排列数量是 10×9×8×7×6×5×4×3×2×1，结果超过了 350 万种。这真是个坏消息，它意味着粗心的实习生可能会不小心以超

过 350 万种可能的方式打乱你的文件！

上述例子让我们了解到对象集合的第一则重要信息。随着对象数量的增加，对象集合可能发生的事情数量，特别是这些对象的排列数量，会大幅增加。

现在想象一下，在你度假的前一天，你的老板递给你 10 份文件。她说，她按照自己设定的顺序，用了一整天的时间把这堆文件整理好。她还告诉你，度假回来后马上从最顶层的文件开始处理。你把文件放在你的办公桌上，严肃警告所有人不要去动它。之后你就去度假了，偶尔喝杯鸡尾酒来清空大脑。回到办公室后，你发现实习生给你留了一张便条："非常抱歉，你不在的时候，我不小心撞翻了你的文件。但我把它们整理好了，所以一切都好！"一切都好？有超过 350 万种可能的排列方式，而你已经不记得老板在你休假前精心准备的排列方式。现在想象一下，你试着随机重新排列文件，希望某种排列方式会神奇地出现。坏消息是，假设你在每种排列上耗时 10 秒，这意味着你每分钟能搜索 6 种排列，每小时能搜索 360 种，但由于实际排列的数量是 3 628 800，搜索完所有排列大约需要 10 000 小时。也就是说，即使你不吃不喝不去卫生间，完成这些也需要一年多的时间。因此，除非你的老板非常有耐心，否则你在找到正确排列之前，可能早已被炒了鱿鱼。

如果事情能变糟，它们也许就会变糟

在上述故事中，我们设想你的实习生不小心撞翻了整堆文件，它们立即从最大程度的有序状态变成最大程度的无序状态。在许多情况下，事情会以更平缓的方式在有序和无序之间移动。想象一下，你的实习生每天只是随机改变一份文件的位置，而不是一次把整堆文件撞翻。回看3份文件的图示，你会明白，即使短短几天后，新的文件堆也可能与原来的大相径庭。当然，文件堆中的文件越多，从有序到无序所需的时间就越长，但最终，无序主宰一切。

办公室归档的故事告诉我们，打乱已整理好的东西很容易，而重新整理打乱的东西则需要很长时间，还需要非常小心。重新整理所需的确切时间，取决于造成混乱或重新排列的原因。但有一件事是肯定的：随着时间的推移，有序的事物变得无序，这是一种自然趋势。相反，如果没有任何外力，无序的事物很难自行排序。这就是我们对有序和无序的兴趣所在。我们已经证实，像交通或金融市场这种复杂系统，可以自发地经历从有序到无序的循环往复。同时，我们知道复杂系统包含一组对象，与一堆文件相似。那么，为什么复杂系统可以自主实现从有序到无序的循环往复，而像一堆文件这样的简单系统却无法做到呢？

我们需要反馈

复杂系统一定有某个神奇的因素，而一堆文件或一袋袜子却没有。因此，复杂系统能够自己凭空创造秩序。为了帮助理解神奇因素的本质，我们需要做一个实验。

从桌子上拿把尺子，试着将其竖起来。做不到。现在试着伸出手帮它保持平衡。还是做不到……除非你不断移动你的手去支撑摇摇晃晃的尺子。

事实证明，尺子问题与我们前面讨论的文件问题非常相似。文件的状态很容易从有序变成无序，就像桌上那把竖立的尺子很容易倒下一样。但是要重新排列文件，或者让尺子保持直立，就需要外界的帮助。就文件而言，要有一位非常友善的老板，愿意将烦琐的排列工作重做一遍。在尺子的例子中，要有一个有技巧的人来让它保持直立。

一个复杂系统比一组对象（文件或袜子等）复杂得多。文件和尺子的例子让我们理解其中的关键原因。换句话说，这些例子为我们提供了线索，帮助我们准确解释复杂系统高度复杂，而不是略微复杂的原因。让我们继续深入思考这些例子：你能让尺子竖立的唯一原因，是因为你的眼睛注意到尺子的运动，然后将这些信息反馈给大脑，大脑将信息以动力系统的方式反馈给你的手。这同样适用于文件的重新排列：你的老板需要将原始信息反馈到那堆文件中，这些信息就是她设置的不同文件的优先级。答案就是反馈。该术语在第 1 章复杂系统的关键要素中出现过。

我们将看到，在特定的系统中，反馈可以以各种不同的方式出现。它可以来自对象本身，例如人们的记忆可以影响现在的决定；它也可以来自系统外部的信息或影响，比如尺子的平衡，或者市场新闻的发布。对交通而言，它来自司机通过观察周围车辆或收听收音机里的交通报告所获得的信息。

不管来自哪里，它都是反馈。反馈在不同的时间以不同的方式“启动”秩序。反馈可以在一堆杂乱无章的文件中建立秩序，也可以让一把摇摇晃晃的尺子保持直立。然而，在特定的复杂系统中，这种反馈极少在个体对象上发挥作用，因此，外部观察者可能会认为这种秩序是凭空产生的。反馈如果以信息的形式出现，就更不容易察觉，因为信息是无形的。司机和市场交易者不断输入和输出自己及他人的行为信息，于是我们明白，交通堵塞和市场崩溃为何会无缘无故地出现。其中神奇的因素是信息反馈。

生命只是局部有序

在有序/无序的故事中，竖立的尺子是有序的，而倒下的尺子是无序的。只要你能使尺子保持直立，你就能够使它保持有序状态。然而，你不能永远保持这种状态。这需要集中注意力，因而会让你感到饥饿——你终究是需要吃饭的。换句话说，让直尺竖立的秩序源于反馈，而反馈需要能量的输入。

现在，让我们进一步探索。我们为尺子创造反馈的能量来自我们所吃的食物。我们吃的所有食物都可以追溯到植物。肉类和奶制品也是，它们来自靠植物为生的动物。因此，一切都源于植物。而植物是从巨大的能源——太阳中获取能量的。换句话说：局部有序的根本来源是太阳。实际上，这是一个相当深刻的说法，它意味着太阳是帮助我们克服从有序到无序这一大趋势的力量。我们在使用机器和材料（如混凝土）建造建筑物或创建其他有序结构时，情况更是如此。机器是由金属制成的，靠汽油运转。汽油、金属和混凝土都源于地球上的自然资源，而这些资源的存在又归功于太阳系和太阳。

因此，太阳是我们局部有序的根源。这些局部有序并不限于无生命的对象，如文件或竖立的尺子。你居住的城镇也是局部有序的例子。城镇的大量人口，以房屋和街道的形式组织在一起，所有人都在由城镇边界所确定的独立局部中生活。进一步说，我们每个人都是由分子组成的个体，这些分子碰巧聚集在特定的区域中，即我们各自的身体里。

宇宙黯淡的未来

我们已经了解到，在没有任何反馈的情况下，像一堆文件这样的对象集合会变得越来越无序。遗憾的是，事实证明，宇宙作为一个整体，以及宇宙中的一切，包括我们，都是如此。

让我解释一下这一可怕说法背后的事实。迄今为止，科学家搜集的所有证据都表明宇宙是孤立的。它不接触任何东西，也没有什么东西能接触到它。最重要的是，没有来自其他宇宙的任何反馈，因此没有“看不见的手”来帮助其维持秩序。用专业术语来说，宇宙是一个封闭系统。遗憾的是，物理学的一则基本定律表明：封闭系统中的无序程度随着时间的推移而加剧。那么，我们可以用这则定律作为办公室不整洁的借口吗？可以，也不可以。就归档而言，我们当然知道它在办公室工作中的意义。然而，这条定律只适用于封闭系统，但真正封闭的系统非常罕见。事实上，宇宙是我们所知道的唯一真正的封闭系统。

这则定律表明，无论我们怎样努力阻止，宇宙作为一个整体正在走向彻底的无序。换句话说，宇宙中的所有物体（它们最终只是分子的集合）正在走向彻底的无序。简言之，未来只是一大锅杂乱无章的分子汤。现在，我敢肯定，有人在想："我是由分子组成的，那么无序也包括我和我的分子吗?"遗憾的是，的确如此。事实上，"尘归尘，土归土"这句话很好地描述了整个退化过程。我们最终都会死亡，我们的身体会逐渐腐烂，分解成许多碎片，最终形成分子。这些分子最终会散布在地球表面。当地球解体时，我们的分子会遍及整个宇宙，而宇宙将继续不可阻挡地走向无序。

等一下，既然我们可以整理文件，也可以管理尺子的状态，那也就是说我们可以创造局部有序，这难道不正说明秩序在增加，而物理学的基本定律是错的，因此我们得救了？遗憾的是，并非如此。如果我们从外部投入一定的能量，做出一番努力，当然能够在某时某地创造暂时的局部有序。然而，事实证明，这种局部有序的增加是以你身体和周围环境秩序的减少为代价的。例如，当你重新排列文件或让尺子竖立时，你就要使用能量，其中一些能量会以热量的形式流失，因为你在进行有效的活动。给你的环境增加热量，意味着你正在增加身体周围空气分子的无序状态。

事实上，情况甚至比这更糟糕，因为你在重新排列文件或平衡尺子的过程中所产生的无序，总是会大于你所创造的秩序。换句话说，这则定律是正确的，因为宇宙的整体无序程度加剧了。因此，尽管我们人类可以创造故事、建造楼房，甚至可以通过生育创造新生命，但这些行为所破坏的宇宙其他部分的秩序，远远大于所创造的秩序——书籍、建筑物或婴儿。

这种日益加剧的无序效应是不是令人沮丧？它是物理学家路德维希·玻尔兹曼首次提出的。1906 年，他在度假时上吊自杀。

我们希望空气无处不在

但我们不应过于悲观。事实证明，某些无序状态对我们是有好处的。就在此时此刻，在人类生物学的各个层面上，无序对所有人都大有裨益。特别是，它让我们的呼吸更顺畅。

想象一下，在发生了文件混乱之后，你回到自己的办公室，准备喘口气放松一下。你正在呼吸空气分子，完全不会想到空气的稀缺。但我们真应该把下一次呼吸的空气视为理所当然吗？事实上，无序是我们的大救星。为了理解这个说法，我们用成堆的文件来做类比。现在，这些文件代表空气分子。在归档的场景中，我们最初是将一组文件 A、B、C 放在一个文件架上。现在让我们稍微概括一下，想象有 3 个架子可以放置文件，每位员工使用一个架子收纳文件。3 名员工分别是 X 女士、Y 先生和 Z 女士。如果只有一份文件，比如 A 文件，那么可能放置的架子有 3 个。

换言之，在3个架子中，一份文件有3种可能的排列方式。具体地说，文件A可以放在X架、Y架或Z架上。但假设有3份文件，由于空气分子都是相同的，我们正在试图理解空气，所以暂且将这3份文件也视作相同的。让我们想象一下，把它们放在3个架子上的某个地方。

图2.2显示了将3份相同的文件放在3个文件架上的10种排列方式。看一下左图，3份文件都在同一个文件架上，它们有3个可能的位置：所有文件都在X架上、都在Y架上，或都在Z架上。因此有3种排列方式。中间的图，稍微麻烦点儿，因为两份文件可以放到3个架子中的任何一个上，而剩下的文件可以放到另外两个架子中的任何一个上。因此有3×2=6种可能性。右图更简单：只有一种方法来安放3份文件，那就是每个架子上放一份文件。

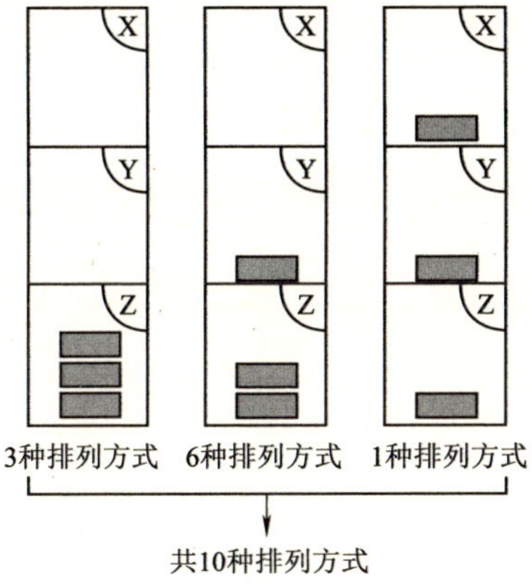

图2.2　文件柜中有3个架子X、Y和Z，3份相同文件可能的排列数量。

假设你很幸运，又开始休假，而你的老板故意将3份相同的文件A、B和C按照特定的排列方式放在不同的架子X、Y和Z上。每天，粗心的暑期实习生都会来到你的办公室，拿出一份文件，然后随机放回去。没过多久，你老板原来的排列方式就消失了，无序再次主宰了一切。让我们看一下图2.2左侧的图示。它告诉我们，有些安排是将所有文件同时放在同一位置。如果我们想象这些文件是空气分子，文件柜是办公室，那么图2.2左侧的这种布置，相当于所有空气分子都聚集在办公室的一个区域。因此，如果你碰巧在办公室的另一个区域，如图2.3上图所示，鼻子周围就不会有空气分子，这当然会带来麻烦。

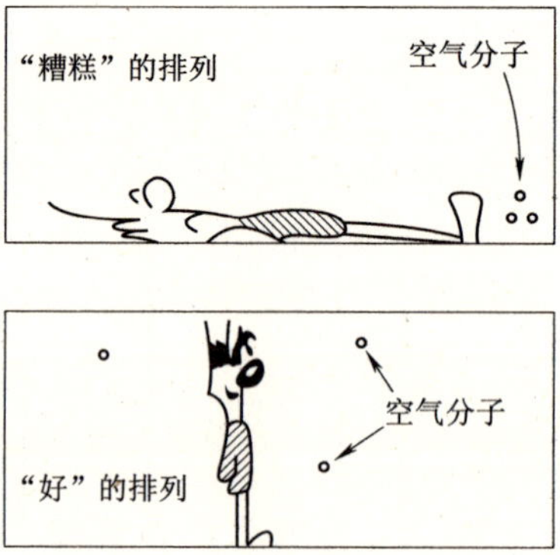

图2.3　空气无处不在？上图显示了一种排列方式，全部空气分子都聚集在房间的一个区域，就像一组文件被放在一个特定的架子上。这种“糟糕”的排列方式非常罕见。下图显示了空气分子分布在整个房间，就像一组文件分布在不同的架子上。这种“好”的排列方式很常见。

既然可能出现如此糟糕（即不健康）的状况，为什么我们没有一命呜呼呢？答案的线索在图2.2中。图2.2显示，对象全部聚集在一个区域，这是相对少见的排列方式。房间里所有的空气分子都聚集在离你很远的地方，这种现象产生的可能性微乎其微。它可能会发生，但肯定不会经常发生，因为房间里总有几十亿个空气分子。事实上，我从未听说有人经历过这种事。简言之，无序拯救了我们。它确保我们无论身处何地，都能呼吸到空气。

但是，如果一个邪恶的科学家设法将所有的空气分子暂时聚集到房间的某个区域，会发生什么呢？我们会死吗？不，我们几乎不会注意到这种变化。空气分子具有能量，会四处活动，相互碰撞，发生反弹。因此，不久之后，所有可能的排列方式都会被发掘出来，就像粗心的实习生打乱文件一样。用物理学术语来说，系统会快速探索它的状态空间（state-space）。由于空气分子快速进行自我扰乱，而且分子没有内在的反馈效应，因此无法轻易重新排列自身，我们永远不必担心下一次呼吸的空气从何而来。

不过，我认为有责任加一则警告，它会让人略感不安。如果出于某种奇怪的原因，空气分子能像司机和交易者一样，获得处理信息的能力，从而将反馈引入系统，那么我们可能会看到，满屋的空气出现自发秩序，就像交通堵塞和市场崩溃一样。那时，我们就不得不警惕了。

有偏倚的世界

复杂系统往往是“开放的”。换句话说，系统与周围的事物相互作用。但事实证明，它与周围环境相互作用的方式会影响所观察的组成对象的特定排列的频率。此处人类又提供了很好的例子。虽然我们体内的分子原则上可以四处乱窜，但由于分子之间的相互作用，以及与外部世界的相互作用，它们仍留在我们体内。通过吃、喝、睡，我们能将身体保持在生命状态，从而防止身体衰退，使身体分子处于有序 / 无序中“有序”的一侧。

这告诉我们，在造成对象排列偏倚方面，复杂系统（如我们的身体体验）的外部环境发挥着重要作用。就身体而言，这意味着我们观察到的唯一分子排列是自己体内的分子排列。图 2.2 中的文件排列问题可能会出现类似的情况。换句话说，我们如果投入足够的努力和精力，原则上就可以使排列发生偏倚，就像 3 份文件始终在同一位置一样。

对象排列中的偏倚可能是外部环境的结果，这一事实对于我们理解某个复杂系统可能出现的涌现现象非常重要。这种偏倚直接影响哪些排列会更频繁地出现，因此更有可能被观察到。同样，这种偏倚也会阻止某些排列的发生。所以，通过理解外部环境造成的偏倚，我们应该能够提高准确预测系统的未来行为的机会。例如，封闭某条道路的决定可能会极大地改变特定道路网络中交通堵塞的频率和位置。鉴于其对理解复杂系统未来发展的潜在重要性，让我们利用文件排列问题进一步探讨这种偏倚效应。

3 份文件、3 个文件架和 1 名粗心的实习生：

我们在讨论图 2.2 时，假设员工 X、Y 和 Z 无差异，因为他们收到特定文件的可能性相同。如果他们的工作内容和工作时间都相同，情况确实如此。但是现在假设他们的工作合同是：X 的工作时间比 Y 少，Y 的工作时间又比 Z 少。因此，X 的工作和文件数量会比 Y 少，而 Y 的文件数量又会比 Z 少。这样一来，相比其他排列方式，文件的某些排列方式会更常见。回到图 2.2，我们看到，最有可能出现的是中间图示显示的排列。相比之下，如果我们说 X 和 Y 每周只工作 3 个小时，而 Z 是全职，那么更有可能出现的是左侧图示的排列方式。

在上面的例子中，3 份员工合同所施加的外部条件使系统趋向某些排列方式，而远离其他排列方式。换句话说，我们已经展示了外部条件如何导致对象排列的偏倚。当然，外部条件可能会以许多其他方式影响可能的排列方式。想象一下，如果政府或工会规定，员工每周最多只能处理一份文件，那么我们唯一能看到的就是图 2.2 右侧的排列方式。当外部约束等同于限制对象特定子集的排列规则时，会出现另一种方式的排列偏倚。这种效应在物理学术语中被称为受阻（frustration）。现在，假设你是一个不走运的人，不得不忍受复杂的办公室政治（这听起来很贴近现实）。事实证明，在现实世界的复杂系统中，特别是在对象集体争夺某种有限资源的系统中，受阻也是一种相当普遍的涌现现象。

为了更好地理解复杂系统中的受阻是如何产生的，我们回到归档的例子。假设出于某种原因，有一条规则规定文件 A 不能放在 C 的旁边。这对办公室工作来说可能罕见，却经常出现在社交场合。例如，老师知道不能让某些孩子坐在一起，因为这会招来麻烦，晚宴的座次安排也是如此。此时，文件架的排列方式就变得至关重要。如果文件像图 2.4 上图那样排成一行，问题就解决了。但如果把它们围成一圈，问题就不可能解决。换言之，如图 2.4 下图所示，排列始终受阻。

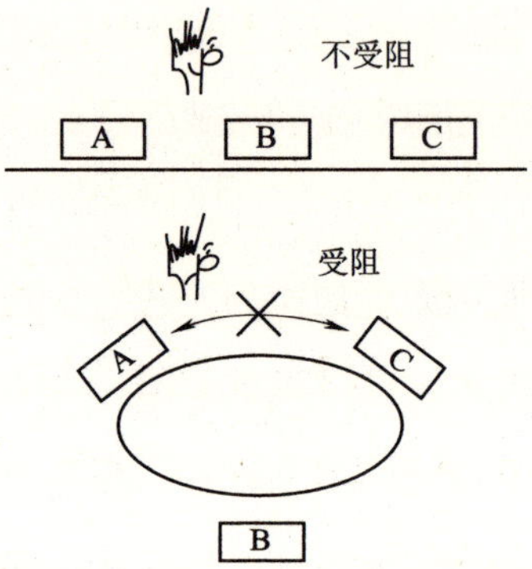

图 2.4 晚宴困境涉及 A、B、C 三人，其中 A 和 C 不想坐在一起。上图：长条桌可以获得一个不受阻的、比较开心的结果。下图：圆桌总是导致受阻。

除了不开心的办公室和晚宴，受阻在物理学家所观察的系统中也很常见，因为有些类型的粒子（用专业术语来说，以某种方式旋转的粒子）不喜欢彼此相邻。更确切地说，这种排列方式可能会产生不利的高能量。

既然我们谈到了物理学家，物理学领域发生偏倚的最重要的例子就值得关注，即由特定物理系统所维持的温度产生的排列偏倚。事实上，温度引起的偏倚对物理学家来说非常重要，他们已经开发了大量的数学方法来处理它，并成功地将其应用于许多不同类型的实验室系统。这种方法在物理学领域非常成功，很多物理学家已经开始尝试将其应用于社会系统。一些物理学家撰写的研究论文讨论了金融市场的“温度”。问题是物理学家通常过于重视温度引起的特定偏倚。仅仅因为这种偏倚在分子集合的物理系统中是真实的，并不能说明它也适用于社会系统。事实上，正如我们讨论过的，无生命对象的集合往往缺少社会系统的一个关键要素：反馈。因此，目前尚不清楚物理系统的结论与生物或社会环境中的复杂系统是否存在很大关联。

但是温度引起的偏倚到底是什么？为什么对物理学家来说如此重要？就归档而言，温度的偏倚效应可以做这样的类比：晚上，一位疲惫的秘书准备离开办公室，此时她可用的能量有限。这位秘书习惯把文件放在较低的架子上，而不是放在较高的架子上，以免伸手去拿或站在什么物件上去拿。同样，物理系统（如一组分子）的可用能量也受到其温度的限制。继续用文件做类比：一个外部观察者每天晚上检查办公室的文件排列，他的印象是文件系统合理有序，因为他观察到的通常是图 2.2 的中图和左图的排列。在物理学背景下，温度控制着用于排列物体的能量，而这反过来又会使排列产生偏倚。随着温度的升高，可用能量增加，偏倚变得不那么明显。对于文件排列的类比，办公室观察者会得到这样的印象：文件系统变得不那么有序，因为随着时间的推移，他会看到各种不同的排列。最终，在极端高温下，可用的能量巨大，这就相当于说，秘书有巨大的能量，她在架子上分配文件时，不会以任何方式产生偏倚。现在，归档过程是无偏倚的，外部观察者会得出非常混乱的结论，因为他看到所有可能的文件排列以相同的频率出现在架子上。

因此，提高物理系统（如分子集合）中的温度，通常会使系统的状态从有序变为无序。这种效应的一个很好的例子是，水从低温状态的冰转变为高温状态的蒸汽。冰是包含有序排列的水分子的固体，而蒸汽是完全无序的气体。物理学家将这些不同状态的水之间的转变称为相变。用来描述温度如何影响分子排列的特殊数学公式则被称为指数或玻尔兹曼权重因子。描述复杂性的大众媒体似乎很喜欢借用与相变有关的物理术语。然而，由于温度引起的排列偏倚仅严格适用于特定类型实验室环境中的分子集合等系统，因此应谨慎处理物理模型和思想的直接转换。简言之，物理学明确了很多系统的类型，但就一般复杂系统而言，要找到所有答案，我们还有很长的路要走。

第3章
混沌与爵士乐

应对办公室动力系统

在科普读物中，人们经常看到与“复杂性”一同出现的另一个以“C”开头的词“混沌”（chaos）。这可能表明复杂性和混沌本质上是一回事。但事实并非如此。

复杂系统往往会在不同类型的排列之间移动，从而形成暂时的秩序。例如，市场崩溃的出现以及随后的消失。但我们还没有谈到这种转变何时可能发生。简言之，我们的讨论还没有涉及时间，用术语来说，即所谓的系统动力学（dynamics）。考虑到复杂系统由一系列相互作用的对象（例如，金融市场中的交易者）组成，它很可能表现出相当复杂的动力行为。换句话说，我们从外部看到的复杂系统的输出显得很复杂。“输出”是指由对象集合产生的任何类型的可观察数字。例如，无论何时，金融市场的输出都是价格，比如一只股票每股 2.50 美元。金融市场的输出

（即价格）以复杂的方式随时间的推移而变化，因而，作为外部观察者的我们，总能在股票和货币汇率新闻中看到复杂的价格表。

复杂系统的输出随时间推移而变化的方式属于非线性动力学的一般范畴。混沌只是这种非线性动力学的一个特殊例子。当系统的输出变化极不稳定，看起来是随机的时，我们就会使用“混沌”一词。依据这种说法，我们在新闻中看到的跌宕起伏的金融市场价格表显示出的就是混沌。然而，事实未必如此。

让我们回到办公室，厘清所有关于动力系统、混沌和随机性的问题。办公室的人际互动方式会对整个场合的动力系统产生极大的影响，从而决定了办公室在时间变化中发生的事情。有些人深谙其道。复杂系统的情况也是如此。对象要素之间的互动方式将影响它们如何排列组合、排列组合持续的时长以及这些排列组合之间的变换，这反过来会影响系统的输出，比如某只股票的价格。我们将在第 4 章和第 6 章中看到，“排列组合”一词在人类系统中的含义，比如在金融市场中，它是指交易者如何选择可能用到的交易策略。它决定了交易者在某个特定时刻选择买入还是卖出，这反过来又会影响系统的价格或输出。但无论我们讨论的是架子上的文件，还是有交易策略的交易者，一切都会回到关于对象如何排列组合的讨论。

如果系统的组成对象有很多可能的排列组合，那么系统在这些排列组合之间以复杂的方式运行，最终的输出看起来就可能是随机的、不可预测的。正是在这些情况下，系统才可能表现出混沌。相反，如果有显而易见的方法来解决混沌，系统看起来就会秩序井然、可以预测。正如第 2 章归档的例子表明的，系统中某种一致性或记忆的存在，对于确定发展结果是否可以预测（因而，对于确定系统是否处于混沌状态）至关重要。考虑到我们对可预测性的兴趣，现在来关注办公室实习生归档的类比。我们特别想通过比较有条理的实习生产生的动力系统与粗心大意的实习生产生的动力系统，来了解系统的输出如何受到基本排列组合变化方式的影响。这将有助于我们理解在何种条件下复杂系统可能出现混沌，以及在何种条件下复杂系统是可预测的。

有条理的实习生与粗心的实习生

首先，让我们考虑以下设置。

一份文件、两个架子和一名有条理的实习生：

我们将架子标记为 0 和 1，如图 3.1 所示。如果文件位于架子 0 上，我们将此排列方式称为“0”。如果文件位于架子 1 上，我们将此排列方式称为“1”。

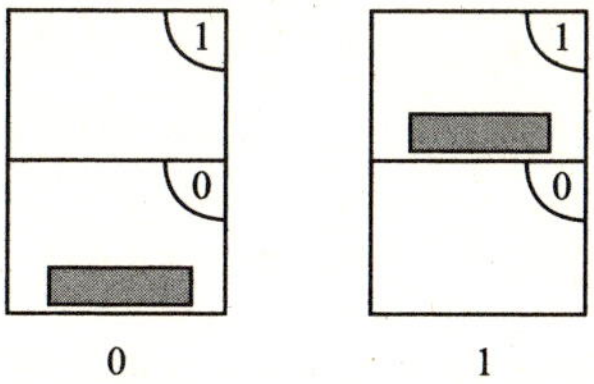

图 3.1　一份文件和两个架子的两种可能的排列方式。

假设文件一开始放在架子 0 上。想象一下，有条理的实习生决定每天上班都要变换文件所在的架子。因此，文件会从架子 0 换到架子 1，再换到架子 0，再换到架子 1，以此类推。我们可以将其写为序列 0 1 0 1，以此类推。换句话说，人们每天下班时都会看到以下序列的文件位置：

0 1 0 1 0 1 0 1 0 1 ……

该观测序列被称为系统输出的时间序列（time series），或简称输出时间序列。金融市场的价格图就是对这种时间序列的另一种描述。例如，我们可以想象如下价格图：

第 0 天 2.37 美元，第 1 天 2.34 美元，第 2 天 2.65 美元，第 3 天 2.44 美元，第 4 天 2.48 美元，第 5 天 2.34 美元，第 6 天 2.43 美元，第 7 天 2.32 美元，第 8 天 2.48 美元，第 9 天 2.35 美元，第 10 天 2.46 美元

它可以简写为：

2.37 美元 2.34 美元 2.65 美元 2.44 美元 2.48 美元 2.34 美元 2.43 美元 2.32 美元 2.48 美元 2.35 美元 2.46 美元

的确，这看起来信息量很大。事实上，从金融市场等复杂系统中产生的详尽的时间序列，正是人类无法处理的过量信息。大多数人真的只能了解输出（价格）是涨了还是跌了。换言之，我们不会去想一长串的数字，而会去考虑大跨度的起起落落。如果将“涨”写为 1，“跌”写为 0，我们就会得到一个由 1 和 0 组成的列表。在上述例子中，价格从第 0 天的 2.37 美元跌至第 1 天 2.34 美元，写为 0。相反，价格从第 1 天的 2.34 美元涨到

第 2 天的 2.65 美元，写为 1。通过计算每日的价格变化，我们可以得出以下金融市场价格的简化形式：

0 1 0 1 0 1 0 1 0 1 ……

该时间序列恰好与文件示例相同。

现在想象一下，我们作为外部观察者出现在办公室或市场，面对着这样一个 0 和 1 的时间序列。这个时间序列告诉我们最近发生了什么。作为办公室观察者或市场投机者，我们的工作是算出下一步会发生什么。为了提醒自己，我们要记住，时间序列的形式是：

0 1 0 1 0 1 0 1 0 1 ……

这看起来非常有序。即使我们不知道实习生在办公室移动文件时使用的系统规则，面对如此有序的时间序列，我们也可以自己猜测规则，甚至可以对下一个结果做出合理准确的预测。在本例中，我们可能都会猜到下一个是 0。这同样适用于金融市场。换句话说，在我们的例子中，价格的涨跌是可预测的，即使价格的实际价值可能并非如此。你可能会认为，在金融市场上找到有序模式非常幸运，但你可能只说对了一部分。事实证明，20 世纪 90 年代，美元兑日元的汇率确实存在这种基本模式。

因此，对于有两个架子的办公室来说，只要实习生遵循系统性的规则来改变文件的位置，我们就非常容易做出预测。同样，对于具有涨—跌价格序列的金融市场，只要交易者作为群体运作，我们就有可能预测未来的上下波动，从而获得价格波动的有序序列。我们将在第 6 章继续探讨这个问题。

现在想象一下，一名粗心的实习生代替了有条理的实习生，随意移动文件。现在的情况变了。

一份文件、两个架子和一名粗心的实习生：

这相当于他每天通过抛硬币来确定文件的新位置，正面代表“1”，反面代表“0”。现在，时间序列变得完全随机。以下是典型的随机序列：

0100011010……

其中没有任何固定模式。换句话说，时间序列看起来完全无序。我们如果是外部观察者，现在就会说这个序列看起来不可预测。金融市场也是如此：如果交易者并非一个群体，那么价格序列更可能类似于上面的随机序列，而不是之前的有序序列。

别担心，这只是混沌

在两个架子的示例中，有条理的实习生促成了一系列时间上高度有序的结果，即可预测的时间序列，而粗心的实习生促成了一系列时间上高度无序的结果，即不可预测的时间序列。如果针对的不是混沌现象，那么这可能是一个关于可预测性的好消息。

事实证明，即使是有条理的实习生，他如果使用一个足够复杂的规则，比如排列组合的数量足够大，那么也会产生看起来非常无序的时间序列，因此不可预测。严格地说，混沌的时间序列确实具有可预测的模式。然而，我们很难找到这种模式，它也可能并不存在。这就是试图预测动力系统的问题所在。让我们通过一个设置来了解其中的原理。我们设置了一个复杂的文件移动规则，且有很多可能的排列方式。

一份文件、多个架子和一名有条理的实习生：

该例子中有很多架子，因此一份文件有很多可能的排列方式。实习生使用以下系统规则来确定文件的下一个位置。由于规则解释起来相当复杂，我们将其写成一个指令表：

第 1 步： 计算数字 S，该数字由文件所在的架子编号除以架子总数得出。换言之，S 是介于 0 和 1 之间的数字，表示文件离架子上方有多远。因此，S=1 表示文件在架子顶部，S=0 表示文件在架子底部。S=0.5 表示文件处于中间位置，相当于有 100 个架子，文件在 50 号架子上。S=0.25 表示文件在架子自下而上的 1/4 处，相当于有 100 个架子，文件在 25 号架子上。

第 2 步： 假设文件最初位于某个架子上，对应于 S 的特定值，我们称为 S_1。文件要移动到的架子，我们称为 S_2。为了计算 S_2，实习生用 S_1 乘以（$1-S_1$），然后乘以一个数字 r。我们设 r=4，S_1=0.4，那么（$1-S_1$）=1−0.4=0.6，新架子 S_2 为：

$$S_2 = 4 \times 0.4 \times 0.6 = 0.96$$

实习生使用的数学公式如下（顺便说一下，这是本书中唯一的公式）：

$$S_2 = r \times S_1 \times (1-S_1)$$

第 3 步：现在，实习生重复第 2 步，但用 S_2 替换 S_1，用 S_3 替换 S_2。换句话说，他使用的公式是：

$$S_3 = r \times S_2 \times (1-S_2)$$

得到 $S_3=4\times0.96\times(1-0.96)$，即 $S_3=0.15$。

第 4 步：实习生一遍遍重复这个过程，以获得所有后续的架子位置。也就是说，他从 S_3 中获得 S_4，然后从 S_4 中获得 S_5，以此类推。

如果你按照这组指令操作，期望数字 S 最终稳定为某个特定的值，那么你会感到意外，因为永远不会有最终值。不仅如此，根本没有可识别的模式。这是因为你创造了混沌的时间序列，即你开启了混沌。也许你并未期望 S 有最终值，所以觉得我浪费了你的时间。如果是这样，那么我很快会令你大吃一惊。返回并重复整个过程，但不再设 $r=4$，而是将其设为 0 到 1 之间的任意值。比方说，我们设 $r=0.1$，仍然设 $S_1=0.4$。新架子的位置 S_2 为：

$$S_2 = 0.1 \times 0.4 \times 0.6 = 0.024$$

下一个架子位置 S_3 为：

$$S_3 = 0.1 \times 0.024 \times 0.976 \approx 0.0023$$

继续下去，你会发现架子的位置越来越趋于 0，即文件快速移动到架子底部，即 $S=0$，并保持不变。就好像文件被吸引到架子上的某个位置，然后永远固定在那里了。我们刚才的发现是系统动力学中所谓的“不动点吸引子”(fixed-point attractor)。相比之下，之前的示例 $r=4$，表现得就非常怪异，文件似乎没有被任何特定的架子所吸引。事实上，S 的值永远不会重复。这种表现的专业术语叫“奇异吸引子”(strange attractor)。

让我们花点儿时间集中注意力，仔细思考一下问题的含义。有条理的实习生使用我们所写的复杂规则，在 $r=4$ 且文件柜有很多架子的情况下，混沌产生了。尽管逐次的位置（即连续的 S 值）是随机的，但因为规则太复杂，所以产生了非常复杂的输出时间序列。杂乱中仍然存在着条理，因为与抛硬币的粗心的实习生不同，有条理的实习生完全清楚自己在做什么。无论重复多少次计算，他都会在某个特定的时刻得到同样的结果。所以，文件总会在某天出现在同一个架子上。作为只能看到输出时间序列的外部观察者，我们如果真的聪明，只需连续几天观察架子的位置，就能推断出他所使用的规则，从而准确预测文件的下一个位置。换言之，规则是存在的，是否能找到就靠我们自己了。实际上，我不确定我是否能在实践中找到它，但至少在原则上，找到它是可能的。了解这一点很重要。这就像有人突然因休病假离开，你接管了他的办公室工作，尽管你知道其档案系统一定存在着某种逻辑，但最终找到这个规则还是需要付出很大的努力。

这个归档示例还揭示了其他信息，这些信息既让人好奇，又令人担忧。仍然是有条理的实习生，使用相同的规则，只是将 r 的值从 4 微调至介于 0 和 1 之间的数字（在我们的例子中，r=0.1），就完全改变了文件位置的时间序列。文件不再随机处于任何位置，而是迅速移动到文件架的底部（S=0），然后停留在那儿。这种行为与混沌完全相反。由此，我们发现了一个重要信息，它有助于了解复杂系统表现出的行为类型。系统即使具有相同的设置（在我们的例子中，同样是有条理的实习生，更换架子的规则相同，文件和架子数量相同），也可以产生大量不同的输出。换句话说，系统可以有各种动力学行为。系统输出的其中一种形式是混沌，但还有其他形式。

也许你在想，理解复杂系统其实没那么难。我们或许可以这样理解：一种情况是，事物是混沌的，输出的时间序列看上去是无序的，因此基本上是随机的（例如 r=4）；另一种情况是，事物在时间上是完全有序的（例如 r=0.1）。遗憾的是，不完全如此。事实证明，有序和无序之间的道路也很复杂。也就是说，通往混沌的道路崎岖不平。在我们的例子中，仅仅通过改变 r 的值我们就能沿着这条路走下去。具体地说，我们通过改变数字 r 的值，就可以将系统的输出时间序列从有序（r 介于 0 和 1 之间）转变为无序（r=4）。我们将了解到，复杂系统可能出现的行为种类不计其数。实习生归档是关于复杂系统运作的极其简单的例子，现实世界中的任何复杂系统都可能显示出多样化行为。下面我们来更细致地研究一下它的全貌。

当 r 介于 0 和 1 之间时，输出时间序列在时间上极其有序。

无论文件最初的位置在哪里，它都会快速降到 $S=0$，然后留在那里。我们假设有条理的实习生现在选择 r 大于 1，例如 $r=2$。再次从 0.4 的位置开始，架子的位置顺序依次为：

0.4 0.48 0.5 0.5 0.5 0.5 ……

文件不是朝向文件柜的底部，而是朝向中间移动并停留在那里。现在假设有条理的实习生选择了一个比 $r=3$ 略大的值，比如 $r=3.2$。在这种情况下，生成的文件位置时间序列最终会重复自身，不断出现以下模式：

…… 0.80 0.51 0.80 0.51 0.80 ……

用专业术语来说，时间序列已经变成周期性的了，每两步就重复一次。因此，它的周期等于 2。这是非常奇怪的现象，因为在有条理的实习生使用的规则中，没有任何一条规定文件应该以这种有序的方式在两个架子之间移动。然而，文件在两个架子之间来回移动，就像精确的时钟发出嘀嗒声。太神奇了——当 r 朝着 $r=4$ 增加时，在通往混沌的路上，事情变得更加蹊跷。

假设有条理的实习生选择稍大的 r 值，如 $r=3.5$。由此产生的时间序列不再是每两步重复自身，而是每 4 步重复自身。它的周期等于 4。因此，文件将按顺序在 4 个架子之间移动，每 4 步后返回同一个架子。而这位有条理的实习生所做的只是微调了规则中的数字 r。

进一步增加 r 的值，$r=3.6$ 时得到的时间序列的周期是 8，然后是 16，然后是 32。事实上，周期一直以这种方式翻倍，直到周期长到一定程度，以至时间序列看起来从未重复过，类似于

我们之前看到的 $r=4$ 的混沌。事实上，混沌可以被简单地看作一种周期性的模式，其周期如此之长，以至这种模式永远不会自我重复。无论在谁看来，这确实是一种不寻常的表现。

我们可以用一张特别的图来表示，它显示了不同的 r 值最终的架子位置，即 S 值。你只要有计算器，就可以很轻易地计算出最终的 S 值。我们不妨继续，同时绘制出所有 r 值的最终 S 值。结果如图 3.2 所示，其含义是：为 r 选择一个值，并在横轴上找到它。然后从纵轴向上看，读出黑线对应的值。这些值代表最终的架子位置，即 S 值，文件将一直在这些架子之间来回移动——不会出现在其他架子上。以我们之前提到的 $r=3.2$ 为例，在图中的横轴上找到该值。如果直接向上看，你会找到 0.51 和 0.80，这两个值在时间序列中不断重复：

…… 0.80 0.51 0.80 0.51 0.80 ……

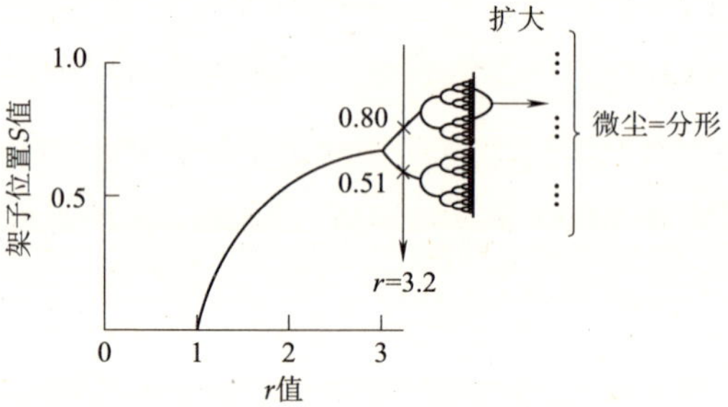

图 3.2　示意图显示了在 r 值范围内，文件经过许多步骤后到达的架子位置。当 r 值增加到 3 以上时，文件最终在两个位置中间移动的位置数量快速翻倍。在放大显示的 $r=3.6$ 的区域中，位置的数量变得如此之大，以至 S 的值似乎永远不会重复。因此，图案看起来像一条实线。但它并非连续的。相反，它就像包含无数小点的微尘。它被称为“分形”（fractal）。对于从 3.6 到 4（未显示）的 r 值，除了偶尔出现的周期性行为，其动力系统的性质仍是混沌。

对于接近 3.6 的 r 值，文件最终会一直在不同位置之间移动，其 S 值永远不会重复。因此，图上的点太多，看起来像一条垂直实线。但事实并非如此。相反，它就像微尘一样，是一堆点。此时出现了一个非常奇怪的现象：事实上，它是有无限的点和无限的间隙。图 3.2 右侧放大显示的这条明显的线，介于无穷多个点和一条实线之间。如今，科学家们将一个点称为零维，将一条线称为一维，将一块平板（比如电视屏幕）称为二维。这一堆点看起来像一条实线，却并非实线，实际上它们介于点和线之间，即介于零维对象和一维对象之间。众所周知，0 到 1 之间的数字被称为分数，因此一堆点有一个分数维（也被称为“分形维数”）。出于这个原因，科学家将一堆点的对象称为分形。

随着 r 值的增加，当它接近 3.6 时，我们还可以看到重复出现的叉形。每一条线都分成两条，它会在更小的范围内自我重复。相当于说周期持续倍增，从 2 倍增加到 4 倍，再增加到 8 倍，等等。正如我们前面提到的，最终的对象是一排点，就像由许多点构成的尘埃，当你的目光向页面移动时，你会看到“点中套点”的嵌套。同样，也有“叉形模式套叉型模式”的嵌套。这种“模式套模式”的不断嵌套被称为分形。

无论就时间上产生的输出，还是空间上产生的形状而言，分形在复杂系统中都很常见。换句话说，分形是复杂系统中一种典型的涌现现象。就像混沌一样，这并不意味着在复杂系统中我们总能观察到分形，只是说它们可以被观察到。鉴于人们对分形的广泛兴趣，我们以两个名为“分形乐趣”的框架图来展示两种只需纸笔就能生成分形的方法。这并非现实世界复杂系统实际的分形生成方式，现实远比这要复杂。有许多方法可以生成相同的分形，但这两种方法确实有助于说明什么是分形。

分形乐趣1：尘归尘

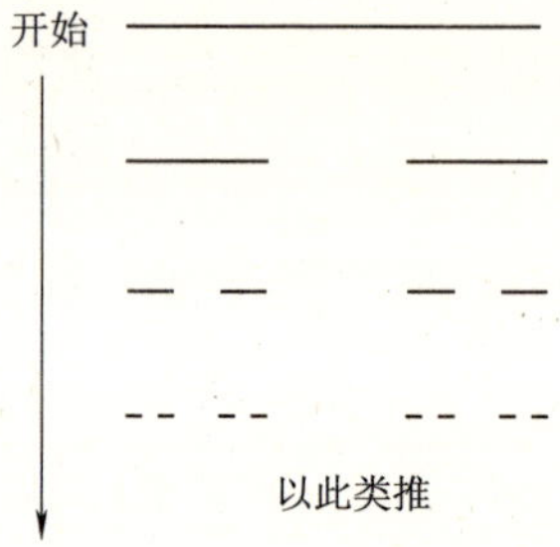

上图向我们展示了如何生成尘埃状的分形。先画一条水平线。将其分为三部分，然后去掉中间部分。于是就有了一条中间有段空缺的直线。事实上，最简单的方法如图所示，在当前形状下方的空白处绘制新形状。将产生的两条线段视为新的直线，将每条线段分成三段，然后再次移除中间段。尽可能地不断重复这个过程。你最终会得到一大堆点。换句话说，你最终会得到维数在 0 到 1 之间的分形。这种分形看起来与图 3.2 混沌区域中呈现的分形非常相似。

分形乐趣2：雪花飘，雪花飘飘，雪花飘飘飘

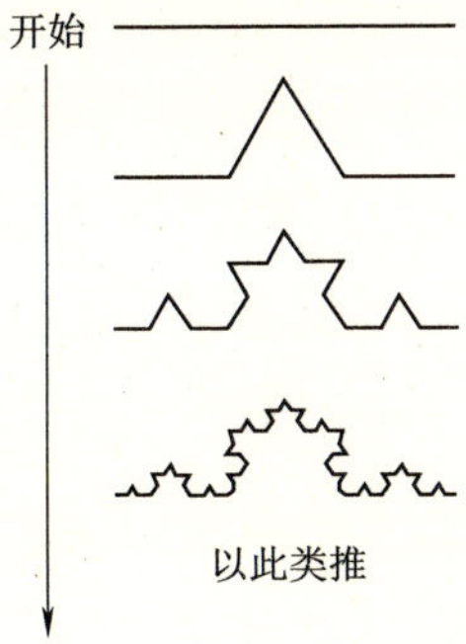

上图向我们展示了如何生成雪花状的分形。还是先画一条水平线。将其分为三段，但现在用两段线替换中间移除的那段。这两段线每段都与移除的那段一样长。如图所示，现在中间部分形似帽子。将生成的每条线段作为一条新线，将其分成三段，再将中间的一段替换成长度相等的两段。不断重复这个过程。这一次，分形看起来包含了很多线，这些线开始逐渐填满画面。换句话说，这种雪花状结构的分形维数在 1 和 2 之间。现实世界的许多系统中都会出现类似的形状，例如，恶性肿瘤的边界。

假设有条理的实习生现在正在指定市场上某些商品的价格，而不是指定文件的位置。文件的位置 S 变成市场价格。与上述文件位置的时间序列不同，我们会有一系列价格，即价格时间序列。这个价格序列所显示的多样化行为与我们在金融市场看到的行为一致——从价格看起来不变的时刻开始（例如 r=0.1），到价格在所谓的商业周期中反复震荡的时刻（如 r=3.2），直至看似随机的时刻（例如 r=4）。换句话说，如果由实习生所变身的价格制定者将 r 的值从 0 增加到 4，那么价格的行为范围就会从不随时间的推移而变化，变为重复自身，再变为看起来极其混乱。

现在想象一下，如果一名有条理的实习生和一个装有文件的文件架这种简单设置就包含如此多的可能性，那么，在包含人或物的集合中会发生什么？简单地说，答案是“除了上述的情况，还有更多”。但是别担心，我们没有浪费时间。结果表明，在现实世界的复杂系统中，这个简单的例子中出现的行为经常被观察到。例如，心脏是一个细胞集合的复杂系统，细胞以复杂的方式相互作用，并能生成反馈，结果产生了以非常有序的方式振动或“跳动”的输出，尽管偶尔也会有不稳定的表现。而市场价格通常是随机的，但经常会出现振荡型行为，因此有时显得更有规律。

没记错的话，我正游走在人生边缘

我们刚刚看到一个例子，即有条理的实习生如何在文件架的文件位置系统中促成混沌，从而产生分形。我还列出了两条数学规则，它们与文件或实习生无关，但仍能生成分形。现在让我们再看看那些分形。有人可能会说，图 3.2 和“分形乐趣 1”中所示的尘埃状分形，看起来有点儿像空中的飞行航线，甚至是蚂蚁的踪迹。而“分形乐趣 2”中的雪花状分形看起来像一座岛屿的海岸线。它的锯齿状可能也会让你想到山脉，甚至是我们提到的股价图。由于这种明显的相似性，许多有关复杂性的文章和书往往在这个阶段戛然而止。其理由是：某个系统规则会产生混沌；混沌中有分形；分形看起来有点儿像我们的日常所见；所以它们必然是同一回事。问题解决了。

但是就复杂的奥秘而言，这种推理很不严谨。事实上，就像对犯罪的调查一样，找到一个可能的动机并不意味着我们已经找到了动机，或找到了一种产生复杂的涌现行为的潜在方法，也不意味着我们已经找到了其在现实世界复杂系统中实际的产生方法。拿尘埃状分形来说，思考一下交通现象。的确，日常交通中偶尔会观察到分形模式，但是并没有一个有条理的实习生在组织交通，从而促成观察到的分形模式。路上的驾驶员形成的交通线也不会神奇地将自己分成三段，去掉中间部分，来遵循我在上一节中给出的分形生成规则 1。相对简单的规则可以产生这种现象，的确令人鼓舞，但它无法解释由相互作用的诸多要素组成的复杂系统是如何产生这种现象的。正是出于这个原因，本书不会像其他书籍一样，专注于产生非线性动力系统现象（如混沌和分形等）的各类数学规则。有一门科学专门研究规则，史蒂夫·斯特罗加茨等人写了许多优秀的文章和书，介绍其方法和效应。

尽管本章中的示例帮助我们理解了现实世界复杂系统表现的行为范围，但研究远远没有结束。简言之，相比重复应用某种数学规则产生的行为，现实世界复杂系统的行为更加复杂，原因如下：

（1）现实世界的复杂系统包含对象集合，这些对象复杂的整体性交互特征是反馈和记忆。相比之下，实习生问题的特点是，一名有条理的实习生反复应用同样复杂的数学规则。

（2）为了产生各种各样的输出，如混沌和分形，有条理的实习生必须手动改变 r 的值。换句话说，实习生变成了“看不见的手”，或现实世界复杂系统中不存在的中央控制器。相反，现实世界中的复杂系统可以自动在有序和无序之间移动。

（3）任何生物，如司机、交易者、动物甚至活细胞，都可以通过某种高度复杂的数学规则（如前所述）来支配其整体行动，这一点令人难以置信。在现实世界系统中观察到的复杂性，不可能仅仅通过反复应用这种规则而产生。

第（1）点和第（2）点在现实世界的系统中很重要，我们将在后面的章节重点讨论。让我们先来仔细研究第（3）点。众所周知，真实的人并不像示例中有条理的实习生那样井井有条。事实上，人们有时有条理，有时不那么有条理。我知道我自己就是这样，也知道很多人都如此。毕竟，大家都只是普普通通的人。我们从前文中了解到，一个非常粗心的实习生会促成随机的时间序列。那么，如果我们的实习生更接近现实情况，既不很有条理也不很粗心，会发生什么呢？我们需要了解这一点，因为毫无疑问，涉及一群人的复杂系统是这两种情况的混合。任何时候，都有一些人的行为比其他人更有条理，而且这些人的行为本身也会随着时间的推移而改变。现在，我们考虑更接地气的实习生，这将很好地弥合完全有条理但复杂的行为（如混沌）和完全随机行为之间的鸿沟。特别是，输出的时间序列将介于完全有序和完全随机之间。不仅如此，所产生的模式类型会出现在人类的各种活动中，从音乐、艺术到人类冲突和金融市场交易。此外，它们也是物理系统中观察到的模式类型，从星系的大小和形状到国家的海岸线，不胜枚举。结果是，在完全有序和完全无序的模式之间，确实存在着普遍的生命模式。这些模式由既不完全系统也不完全随机的对象——换句话说，由像我们人类这样的客体促成。看来我们确实生活在某种中间地带。

那么，在一份文件和许多架子的归档问题中，假如实习生既不全然有条理，也不全然粗心大意，会发生什么呢？根据定义，任何不全然有条理的事物都会有草率的成分，因此我们的分析将通过抛硬币来模拟这种草率的效应。我们将继续用一份文件和多个架子来举例，但是为了简单，我们不会让实习生将文件从一个架子移动到另一个架子，而是限制他最多将文件上移或下移一格。这非常有利于我们的说明，并且很容易进行归纳。它也反映了许多现实世界的系统，在这些系统中，从一个步骤到另一个步骤的变化是循序渐进的。

以下是我们改写的故事。每天，我们的实习生都会将文件向上或向下移动一格。我们观察一下，当移动方式从完全随机变为有条理时会发生什么。让我们从完全随机的方式开始，换句话说，我们有一个粗心的实习生。事实上，他上移或下移文件的可能性是相等的，这相当于说，他以抛硬币的方式来移动文件。他每天都会抛硬币：如果正面朝上，他就将文件上移一格；如果反面朝上，他就将文件下移一格。有许多架子，我们可以假设文件最初放在靠近中间的某个架子上，无须担心它位于顶部或底部。如果文件最初放在 10 号架子上，它在连续几天中的位置时间序列可能如下所示：

10 11 10 9 10 11 12 11 12 13……

用专业术语来说，文件正在进行随机游走（random walk）或醉汉漫步（drunkard's walk），因为就像文件一样，醉汉向前或向后走的每一步，机会是相等的。粗心的实习生运用的抛硬币规则没有任何记忆。换句话说，无论之前的结果如何，硬币在某一天正面或反面朝上的可能性是相等的。硬币没有任何记忆，据说，醉汉也是。

但这对醉汉来说可能不公平。如果醉汉还记得他要往哪个方向走呢？换句话说，他对过去还有一些记忆。在归档的例子中，这相当于增强了实习生的条理性。我们可以模拟这种添加记忆的效果，从而为抛硬币操作添加反馈。方法是假设过去发生的事情决定了抛出正面的可能性。用前文提到的专业术语来说，我们正逐步为动力系统添加记忆或反馈。我们会发现，这种反馈（前文已经说过，它是复杂系统的重要组成部分）有助于创造一种模式，它与从现实世界复杂系统的输出时间序列中观察到的模式完全相同。

我们要添加的记忆或反馈很简单。例如，如果文件恰好是向上移动的，那么它继续向上移动的机会就会增加。同样，如果文件恰好是向下移动，那么它继续向下移动的机会就会增加。这相当于说，硬币是有偏倚的，现在的随机游走中存在一些记忆。文件位置的结果时间序列示例如下：

10 11 12 11 12 13 14 13 14 15……

没有任何记忆的时间序列被称为醉汉漫步。我们如果愿意，可以称现在这种时间序列为“略清醒的醉汉漫步”。如果我们继续让这个略清醒的醉汉走得越来越清醒（因此偏倚越来越大），那么最终文件的移动将会如下所示：

10 11 12 13 14 15 16 17 18 19……

这个输出的时间序列正是有条理的实习生向上移动文件的步骤，也是完全清醒的人在街上稳步向前的结果。

因此，文件的随机游走逐渐变得不那么随机，最终成为稳定的漫步。但是我们如何更科学地描述它呢？这给科学家们提出了一个难题，他们经常能看到某种秩序，但现在要找到一种方法来描述它。实习生每次用带偏倚的硬币进行试验，都将得到略微不同的试验结果。无论如何描述规则，我们都需要统计方法。换句话说，统计方法告诉我们平均情况。更具体地说，它是在相同的设置下对许多不同的试验结果进行平均的结果，即许多拥有相同记忆的不同的办公室或不同的醉汉。

事实证明，科学家对这种漫步方式典型的描述与步行者的酒醉程度有关。想想那些清醒的步行者，他们的漫步状态就像你我一样。他们连续迈步的位置是：

10 11 12 13 14 15 16 17 18 19……

换句话说，他在 9 步后移动了 9 步的距离，即最后的位置是 19，而最初的位置是 10，所以他在 9 步中移动的距离是 19−10=9。同样，文件在 9 个步骤后移动了 19−10=9 个架子。这意味着移动的距离是 9，时间间隔为 9 步。因此移动距离可以写成 t^a，其中 a=1，t=9。（任何数字的 1 次方等于该数字本身。）注意，我们也可以将清醒漫步者的漫步方式称作完美的持续漫步，因为他总是走在自己行进的方向上。相比之下，想一下醉汉的输出时间序列，或回忆一下粗心大意的实习生所移动的文件位置：

10 11 10 9 10 11 12 11 12 13……

在这种情况下，醉汉在迈了 9 步之后，他移动了大约 3 步的距离。因为最后的位置是 13，初始位置是 10，所以他在 9 步中移动的距离是 13−10=3。我们知道 3×3=9，或者说 3 等于根号 9。用数学符号来表示，可写成 $3=\sqrt{9}$ 或 $3=9^{0.5}$。这意味着移动的大致距离可写成 t^a，a=0.5，而清醒的步行者 a=1。换句话说，醉汉移动的大致距离可写成 $9^{0.5}$，而清醒的步行者是 9^1。

对于中间状态，即步行者既不完全清醒也没有酩酊大醉，或者相当于实习生既不特别有条理也不特别粗心，那么移动的大致距离可写成 t^a，其中 a 大于 0.5 但小于 1。来看一下我们之前在此例中得到的输出时间序列：

10 11 12 11 12 13 14 13 14 15……

在 t=9 的时间步长内移动的距离是 15−10=5，可写成 t^a，其中 a 值大约为 0.74。

因此，当我们的研究范围从醉酒到清醒时，相应的步行距离 t^a 也随之从 a=0.5 变为 a=1。同样，如果我们的研究范围是从粗心的实习生到有条理的实习生，文件位置移动的大致距离 t^a 从 a=0.5 变为 a=1。换句话说，游走的持续性增加了。相反，现在想象一下我们的漫步有偏倚，即不持续朝一个方向走。这可以通过抛硬币来实现，即正面之后很可能是反面。在这种情况下，移动的大致距离为 t^a，其中 a 的值小于 0.5 但大于 0。一个极端的情况是，偏倚大到每抛出一个硬币正面朝上的结果，后面都会出现反面朝上，反之亦然。因此每向前移动一个架子，就会跟着向后移动一个架子，反之亦然。在这种情况下，9 步之后移动的距离仅为 1。用 t^a 描述，则 a=0，因为任何数字的 0 次幂都等于 1。

我们已经找到了一种描述输出时间序列有序或无序的方法，即通过计算移动的大致距离，然后使用 t^a 将其与时间步长的数字联系起来。该计算过程给出一个特定的 a 值。出于专业原因，一些科学家更喜欢用 a=1/D 定义一个数字 D。所以 a = 0.5 相当于 D=2，因为 0.5=1/2，a=1 相当于 D=1，因为 1=1/1。此外，由于这是输出时间序列有序程度的统计表征，我们可以将结果数 D（等效于 1/a）作为统计维度。这意味着对于 a=0.5 和 a=1 之间的 a 值，维度介于 D=2 和 D=1 之间。正如我们之前看到的，因为 1 到 2 之间的任何数都是分数，我们可以合理地将其称为分数维。换句话说，分数值 D 的输出时间序列是分形。

当我们考虑输出时间序列的形状时，将这种游走称为分形是有意义的。图 3.3 显示了我们讨论过的 a=0.5，a=0.74 和 a=1 情况下的典型形状。在这些形状中，a=0.74 最接近观察到的形状（比如真实的山脉或海岸线）。换句话说，它既不太参差不齐，也不太平滑。相比之下，a=0.5 看起来太崎岖，a=1 又太平滑。另一种说法是，相比真正的山脉或海岸线，a=0.5（即 D=2）的输出时间序列过于无序（或过于随机）。而对于 a=1（即 D=1）的输出时间序列，看起来过于有序（条理性或确定性太强）。

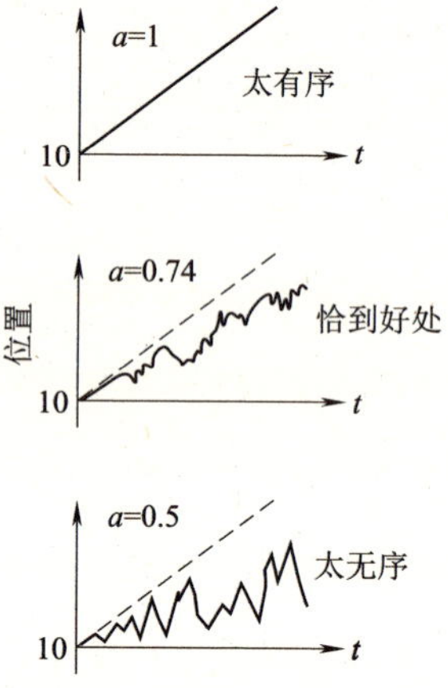

图 3.3　既不过于有序，也不过于无序，而是恰到好处。我们在现实世界中观察到的大多数形状，既不过于平滑（即高度有序），也不过于参差不齐（即高度无序）。在专业术语中，它们被称为分形。

有了音乐，然后有了一切

真正的山脉和海岸线看起来更适合用 1 到 0.5 之间的值来描述，即分形维数 D 介于 1 和 2 之间。换句话说，山脉和海岸线似乎是分形的。有趣的是，几乎所有事物也都如此。更准确地说，对于日常生活中出现的大量复杂模式来说，这话基本是正确的。在后面的章节中，我们将列举经济和社会学领域的具体例子。但现在，我们试着思考生活中这种看似“普遍”的模式的重要性。参数 a 的值在 1 到 0.5 之间，因此分数维 D 在 1 到 2 之间，这意味着输出时间序列处于完全有序（a=1）和完全无序（a=0.5）之间的模糊区域。但是，为什么生活中那么多事物也处于这个灰色地带呢？

为了回答这个问题，让我们思考一下音乐。许多人都不是音乐家，他们坐在钢琴前只想弹一些简单的曲子，比如《三只瞎老鼠》（*Three Blind Mice*）。然而，我敢打赌，很少有人将《三只瞎老鼠》下载到 MP3 上。为什么？因为这是一首无聊的曲子。如果看一下图 3.4《三只瞎老鼠》的音符排列，你就会发现它是有序的。事实上，它过于有序，一点儿也不有趣。我们听到钢琴演奏的音乐时，音符的排列就变成了钢琴的输出时间序列，换句话说，可以将音乐看作系统的输出时间序列，该系统由演奏者和乐器组成。像《三只瞎老鼠》这种简单歌曲之所以显得无聊，是因为输出的时间序列过于有序。

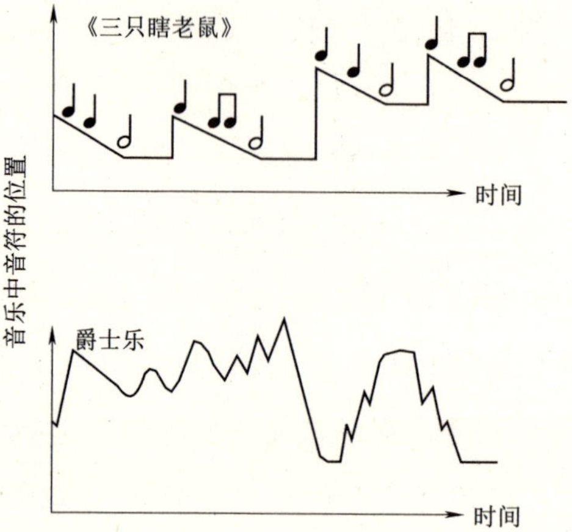

图 3.4 将音乐写在乐谱上，或在乐器上演奏时所呈现的音乐形状。上图显示了一段像《三只瞎老鼠》这种非常有序而无聊的乐曲。下图显示了一段不那么有序，因而更有趣的乐曲，比如比波普爵士乐独奏。

相比之下，许多人认为有趣的音乐，从巴赫等作曲家的古典音乐到现代爵士乐，结构要复杂得多。换句话说，它远没有那么有序，或者说更“令人惊讶”。当查看图 3.4 时，你会发现这些音乐往往具有分形的形状，其中图案套图案。特别是图 3.4 的下图，显示了查理 · 帕克（比波普爵士乐和现代爵士乐的传奇人物之一）的一段萨克斯独奏。它的图案比《三只瞎老鼠》复杂得多，包含了“图案中的图案”，就像 a 介于 0.5 和 1 之间的分形形状。然而，事实证明，如果这种音乐的形状过于无序，换句话说，a 值太接近 0.5，因而形状看起来过于参差不齐，听起来就会像随机的音符，而不是有趣的音乐。这正是关键所在：我们觉得有趣的音乐既不会过于有序（例如，像《三只瞎老鼠》这种简单模式），也不会过于无序（像抛硬币那样，音符随机上蹿下跳）。

对于我们每个人来说，二者之间的界限究竟在哪里，属于品位问题。我敢说，这也是一个复杂问题。但事实是，我们都喜欢既不过分有序，也不过分无序的音乐。也许应该根据所喜欢的“a”值，或者相应的分形维数 D 来对我们的品位进行分类。有了这种分类，我们在为别人的生日选择 CD 时自然会更容易一些。

除了旋律本身，音乐中的分形可以由一组和弦扩展音产生（如小调中的第六级和弦音阶），也可以来自和弦序列和相关的打击节奏。因此，即使某些音乐的旋律看起来相对简单，只要和弦结构或节奏部分的分形程度足够高，那么最终结果也可以同样有趣。

在进入这部分的主要内容之前，我想简短地谈一下现代爵士乐。现代爵士乐并不适合每个人的口味。但在所有不同的音乐风格中，我认为现代爵士乐最接近真正的“复杂系统”，因此也最接近音乐的“复杂性”。回想一下第 1 章中讨论的关键要素，你会发现这么说是有道理的。现代爵士乐涉及一组对象（音乐家）的自发交互。它表现出令人惊讶的涌现现象，因为它是即兴创作，所以在某场特定的独奏中展现的是独奏者在那个时刻接收的实际反馈。它也是一个开放系统，因为它的最佳表现来自有观众反馈的环境。它甚至具有极端行为的特征，例如，当整个合奏团开始模仿某个独奏者的演奏模式时，群体效应就会产生，整个合奏团开始同步其乐句。最重要的是，它没有“看不见的手”，如管弦乐队的指挥，演奏者也不只是重复现有的旋律。相反，独奏建立在特定演奏者记忆中的模式、主题或“片段”之上，然后以真正复杂的方式与原始想法交融，所有这些都是在松散的和弦序列背景下进行的。让我们来听听布雷克兄弟的专辑《重金属比波普》(*Heavy Metal Bebop*)，尤其是《眩晕的放克》(*Some Skunk Funk*)。对我来说，它体现了复杂性的所有内涵。如果你碰巧看到迈克尔·布雷克的高音萨克斯独奏乐谱，你就会看到分形在你的眼前跳舞。但是，如果你更喜欢轻松的流行乐，那么你可以听听菲尔·伍兹在比利·乔尔的《你就是你》(*Just The Way You Are*)中演奏的中音萨克斯独奏，感受一下音乐编织的图案。

我们喜欢分形音乐这一事实本身就很有趣。事实证明，在自然界中我们周围的许多事物在空间或时间上也是分形的，甚至我们有规律的心跳也是分形的。你的心脏越健康，它的分形程度就越高，因为增加的复杂性（比发条般精准跳动的心脏更复杂）允许身体适应更多可能的情况。我们的心脏是一个复杂系统，它产生了分形输出时间序列（换句话说，时间上的分形），它处于完全有序和无序之间，这赋予了它自适应的能力。事实上，处于有序与无序之间的边缘是有益的，它让事物具备适应能力。这一观点适用于我们的日常生活。我们都知道，一个合理可行的日程安排不能过于严苛有序，因为任何小波动都会打乱整个计划。相反，如果我们要适应意外事件，那么一定程度的灵活性是非常重要的。我们的心脏也遵循同样的策略，令人着迷的音乐也是如此。

如前所述，还有许多分形的例子以空间模式而不是时间模式出现。例如，很多城市的天际线和山脉的典型形状在空间上基本上是分形的。如此多的空间分形出现的原因仍可以从自然和社会的角度来理解，其运作形式既不过于有序也不过于无序。就山脉而言，导致某座山崎岖不平的物理过程，也可能导致附近山峰出现类似的状态。

因此，当我们的观察从一座山转向另一座山时，有序的数量会持续存在，这正是步行者所需要的，以便产生介于 0.5 和 1 之间的分形。这种持续性也可以表述为同一山脉相邻部分具有行为的相关性。同样，输出时间序列中的持续性可以表述为，从一个时刻到另一时刻的输出相关性。用专业术语来说，《三只瞎老鼠》的旋律之所以不那么有趣，是因为它太相关了。这一观点同样适用于城市的天际线。城市规划者如果恪尽职守，会让某座建筑物的高度或形状与附近的建筑保持和谐。就音乐品位而言，我们发现分形在美学上令人愉悦，那么，赏心悦目的城市天际线也符合这种分形就不足为奇了。甚至艺术也是分形的一种形式，而我们往往会发现，最有趣的艺术也处于完全有序和完全无序之间。换句话说，在完全无聊和全然费解之间。

分形是复杂系统中普遍存在的特征。换言之，它们代表了复杂系统中非常常见的涌现现象，在这种现象中，系统在时间上表现得好像在完全有序和无序之间来回跳跃。同样，复杂系统在空间中展示的形状似乎也在这个中间地带。然而，分形并不是复杂系统中出现的唯一现象。正如我们前面看到的，周期性行为和纯静态行为也可能发生。复杂系统真正的复杂之处在于产生这种效果的方式，以及它如何在不同类型的行为之间移动。因此，尽管大众媒体有时会说，我们的生活“处于混乱的边缘”，世界上的一切都可以用分形来解释，但这种说法过于笼统。

如果我不观察，会发生什么？

本书余下的部分，我们将关注现实世界的复杂系统，而不是本章中讨论的简要版本。但在这么做之前，有必要思考一下我们是如何观察复杂系统的。毕竟，从科学研究的标准方法来看，这是一个非常重要的问题，即观察某物，对其进行测量，然后创建模型或理论，再根据观察结果进行检验。事实上，如果观察系统的方式不正确，或者观察系统的方式在无意中使测量和推论产生偏倚，我们就会陷入麻烦。

自然的假设是，观察复杂系统的行为本身并不影响我们对正在发生的事情的解释，但这可能会产生误导。想想下面两个极端的例子。假设我们想要调查火车到达某个车站的时间是否有某种模式。假设铁路系统总是完美地准时运行，但我们不知道火车每天会在不同的时间出现，也不知道到达的准确时间。根据我们的观察，我们很可能会得出错误的结论，认为火车的到达时间是随机的。第二个例子，让我们想象某一事物被有规律地观察，并且在被观察的那一刻，该事物总是具有相同的形式。例如，想象一个孩子，他总是在晚上 8 点到早上 6 点之间在床上睡觉，但他每天的其余时间都以随机的方式跑来跑去。一个对人类生活一无所知的外星人，只在晚上 8 点到早上 6 点之间来访，可能会错误地得出结论，认为人类的生活非常有序——在床上睡觉。这两个故事的寓意是，我们必须谨慎对待观察方式。我们必须小心，不要添加任何不存在的复杂性，也不要忽略实际存在的复杂性。这对于复杂性科学来说是重要且实用的观点，与本书后面讨论的一些应用息息相关。

第4章
从众心理

我是人，不是粒子

我们在观察周围的事物时，会发现包括交通、金融市场甚至我们自己在内的事物往往都站在有序与无序之间，在没有任何“看不见的手”或中央控制器的帮助下，偶尔朝着一个方向行进，然后再返回。正是这些特性的出现使得复杂系统变得复杂，并形成了我们所说的复杂性。这些非凡特性背后的奇妙因素是反馈。

记忆是反馈的一种形式。它表示来自较早时间点的信息反馈。其他形式的反馈包括来自宇宙其他地方的信息反馈，就像一个知识渊博的朋友打来的电话。在第2章和第3章的办公室归档场景中，我们看到反馈可以通过单个对象（实习生）引入系统。然而，复杂系统包含一组对象集合，每个对象都可能在任何时候以某种形式提供和/或接收反馈。此外，在现实世界的系统中，反馈既来自系统内部，也来自外部，最终效果会比某个实习生和文件的情况要复杂得多。因此，从输出时间序列中观察到的系统行为或动力学将更加丰富。

我们知道，一堆无生命的物体，比如一堆文件，或者洗衣篮里的一堆袜子，在没有添加反馈的情况下，是无法重新排序的。换句话说，这需要实习生的帮助，或者是袜子主人的辛苦努力。相比之下，人类、动物甚至细胞的集合都能做到这一点，例如形成明确的团队或群体。这是因为所讨论的个体是活的，每个个体都能投入精力做出决定，并采取行动。此外，每个个体都有某种记忆，可以指导其行动。正是这些对象（无论是作为个体还是整体）产生的内在反馈最终成为复杂性的来源。复杂性产生于所有生命体的集合，从产生器官的细胞集合，到产生人和动物的器官集合，再到产生群体的人类和动物集合。

但是对于像人类这样的生物行为，我们还了解多少？毕竟，人是复杂的，但他们的决策和行动结合起来，却会产生明确的影响，比如金融市场崩溃和交通堵塞。原因何在？这听起来像是不可能实现的任务。这就是社会学家、经济学家、人类学家、历史学家和政治学家都能被高薪聘用的原因，他们经常反复分析相同的人类现象，却能提供多种不同的解释。用人类集体行为的科学理论来补充（或在某些情况下取代）这一过程，这种想法听起来很荒谬。然而，有迹象表明，这项任务实际上并不像最初听起来那么不可思议。原因是，尽管人类的品位、思想、信仰和行为都很复杂，但当我们作为群体聚集在一起时，个体的复杂方式可能就不那么重要了。所以，尽管我们的人格差异很大，但当我们处于一个足够大的群体中时，这些差异可能在某种程度上就被抵消了，即整体的行为方式使个体差异变得不那么重要。这反过来提供了一种可能性，即使用计算机程序模拟包括“软件人”在内的人类群体集合。它可能会模仿人类复杂系统的整体行为，如金融市场或交通——至少会模仿其一般行为。世界各地与我们做着类似工作的实验室正在利用计算机游戏程序员开发的虚拟世界建设的最新进展，以及物理学家所谓的多体数学机器探索这一领域。

因此，尽管解释温斯顿·丘吉尔等人的复杂生活，可能需要大量书籍和电视纪录片，但随机挑选的名人很可能会像随机挑选的普通人一样行事。《老大哥》（*Big Brother*）和《名人老大哥》（*Celebrity Big Brother*）就是很好的例子：不管群体中的个体是名人，还是厨师、建筑工人或临床医生，都没有什么区别。在忍受了一季又一季的真人秀节目之后，观众开始意识到，作为人类的集合，这些人在面对相同的日常问题时，似乎产生了非常相似的动力系统。换句话说，随机选择的群体往往表现出与其他随机选择的群体相似的特征。

我并不是说群体的行为方式很简单，也不是说群体的行为方式只是个体行为的某种放大版。事实远非如此，毕竟，交通堵塞和金融市场崩溃等涌现现象的行为通常并不反映某个个体的行为。我想说的是，这些群体的整体行为可能非常相似。特别是，即使任意两个个体的特征差异很大，他们所属的群体也可能表现得非常相似。出于这个原因，交通堵塞在日本、英国、美国和澳大利亚看起来是一样的，金融市场崩溃也是一样的，但涉及的个体可能截然不同。换句话说，尽管在地理位置、背景、语言和文化方面存在着个体差异，但人类群体“处理”金融市场和交通问题的方式非常相似，甚至处理战争和冲突的方式也非常相似（参见第9章）。这就是从复杂系统中产生的模式如此相似的原因所在。或者用术语来说，涌现现象具有一些普遍特性。你可以看到这一现象是如何产生的：人们的差异很大，任何群体中都可能有与我们性格相反的人。要找到现实世界的例子，只需想想你自己的大家庭、学校班级或办公室同事。就整个集体行为而言，个人的怪癖往往会在某种程度上被抵消。因此，相比两个个体之间的差异，两个群体之间的差异没有那么明显。

研究人员想要构建包含软件人的虚拟世界，上述特性对他们来说非常重要，因为这些软件人不必像真实的人一样古怪。简言之，就个体而言，它们可以比真正的人类更简单，但它们的群体行为依然与现实中的人类群体行为类似。没有人知道如何创造真正的软件人，这种“人多势众”是一种绝妙的简化。事实上，这种方法不但适用于人类群体，也应适用于任何其他对象群体，它们在个体上都是复杂的，因此表现出多种可能的行为。例如，我们可以将其应用于癌症模型中的细胞。这是本书剩余的部分要重点讨论的核心观点，该观点建立在大量研究的基础之上，而关于这一领域的研究数量也正在不断增加。

在本章的剩余部分，我们要挑战的是，以通用但现实的方法来描述决策对象群体（比如人类）。关于人类日常生活的例子包括回家时是否走某条路，是否去可能拥挤的酒吧，是否去某个超市，以及是否买某只股票。事实上，无论是有意还是无意，这类“是否”问题是所有人每时每刻都要面临的问题。尽管我们必须做出的许多决定在细节上非常复杂，但它们几乎总可以被分解成“是否”问题。更确切地说，它们可以被分解为“选 0 或选 1”的问题。因此，回家的两条可能路线可以用 0 或 1 表示；市场上的买卖可以用 0 或 1 表示；去或不去可能拥挤的酒吧可以用 0 或 1 表示。由于 0 和 1 是二进制数，我们可以将“是否”问题称为二元决策（binary decision）问题。这种二元决策问题就像我们一直在进行的博弈。在这些博弈中，存在对某种有限资源或食物的潜在竞争。它可能针对的是路上的空间，或者酒吧的空间，在金融市场中，它可能是为获得理想价格而产生的竞争。这与环境无关，我们每个人都需要做决定，然后采取行动，而所有行动的最终结果通常会确定哪个决定是最好的。但由于资源有限，我们不可能一直都是赢家。

在现实世界的系统中，竞争有限的资源为何对产生复杂性来说如此重要？答案很简单。在没有竞争的现实世界中，人们做什么决定都无关紧要。换句话说，如果具有吸引力的资源，如路上的空间、拥挤的酒吧、超市的空间、金钱、名誉、工作、土地、政治或社会力量、食物等等供应过剩，那么我们如何决定就不重要了，因为满足我们需要的东西足够多，甚至比需要的还多。在这种情况下，每个人都可以随心所欲，无论以聪明还是愚蠢的方式行事，最终都可以获得财富。因此，没有必要从过去的经验中学习或适应。对反馈的需求变得毫无意义，因为我们一直都能得偿所愿。最终的结果是，所讨论的对象集合将以非常简单的方式运行。特别是，它们在运行时将不再依赖于任何反馈或对象之间的交互，这会使整个系统变得不复杂。

现实世界中大多数系统都是有限资源，系统中的个体通常会拼尽全力去获取资源。为获得某种优势，竞争甚至可能导致团体内部的合作，但总体气氛仍然是竞争。这方面的例子包括：金融市场的交易者都想得到最好的价格；通勤者都想在某条路上行驶；上网者都想在互联网上获得更快的下载速度；就战争和恐怖主义而言，不同的武装分子都在为控制某个国家的土地或政治权力而战斗。然后就会发生一些不寻常的事情，例如出现了从众和不从众，后者我们称为“反从众”（anticrowds）。稍后我们会更细致地研究这些现象。可以说，这种自组织、集体现象的自发形成体现了复杂性的真正特征。因此，二元决策问题不仅代表了所有人的日常情境，也是现实世界复杂性的完美例子。此外，它们为学术界提供了一个极具挑战性的科学问题，到目前为止，尚未建立起精确的数学理论来解释它们，尽管这些丰富的例子都来自熟悉的情景，比如每天上下班，其中也不乏有趣的情景，比如去你最喜欢的酒吧。让我们仔细研究这种二元决策问题，来讨论一个非常重要的问题——周五晚上要不要去你最喜欢的酒吧。

谢天谢地，今天是周五

周五晚上，一支很棒的乐队在你最喜欢的酒吧或俱乐部演出。事实上，他们每周五都会在那儿演出，有座位的话，每周五你都想去。但是如何提前知道是否有座位呢？答案是，你不知道。这是一个小酒吧，座位有限，而且可能很多人都想去。你应该怎么做呢？是费尽周折来到酒吧，却发现找不到座位？还是冒着失去一个美妙夜晚的风险待在家里？

让我们更细致地研究这个问题，因为它体现了复杂性的本质。事实上，这正是圣塔菲研究所的布赖恩·亚瑟首先提出它的原因。假设酒吧里的人数超过 60 就会让人感到非常不舒服，换句话说，酒吧的舒适极限是 60 人。让我们通过数学的形式把它写出来，假设酒吧的舒适极限用符号 L 表示，$L=60$。还有多少人也在考虑是否在某个周五晚上光临？我们用符号 N 来表示。遗憾的是，所有潜在顾客都无法知道这个数字 N 到底是多少。也许你可以猜测，每周有多少人想来，换句话说，N 是每周的固定顾客数量。但这仍然不能告诉你 N 的确切值。在我们的示例中，假设每周五晚上都有 100 人想光顾。用数学术语来说，即 $N=100$。所以我们得到：舒适极限 $L=60$，想在某个周五晚上光临的人数 $N=100$。于是我们有了一个典型的日常例子，一群人在一家可能拥挤的酒吧里争夺有限的资源。我们在创建一个复杂性问题的原型。

现在好玩的游戏开始了，因为这 100 个潜在顾客，不管他们是否喜欢，都在玩赌博游戏。更确切地说，他们每个人都必须冒着被困在人满为患的酒吧里的风险决定是否要精心打扮，必要时安排保姆，走到车前，开车去酒吧，找到停车位，走到酒吧门口……当然，他们也可以决定不惹麻烦，待在家里……冒着被告知错过了有空位的酒吧的风险。这是一场赌博。这又不仅是一场赌博，正确的决定还要取决于他人的决定。决定没有绝对的对错，这取决于其他人认为什么是对的，什么是错的。如果他们都去酒吧，那么显然正确的决定是待在家里。另一方面，如果其他人都决定待在家里，正确的决定就应该是去酒吧。这是一场争夺有限资源的竞赛，不是每个人都能赢。

除了与复杂性科学相关，这个例子对标准经济理论也有重要意义。具体地说，这种设置没有正确的预期模型——如果每个人都做了同样的决定，那么它将自动成为错误的决定，因为每个人要么不出现（在这种情况下你应该出现），要么都出现（在这种情况下你应该不出现）。因此，标准经济学中所谓的“理性预期”或“理性主体”模型就崩溃了。既然标准经济理论有赖于世界上到处都是的典型人，我们去酒吧的小例子就成了整个经济学的大警钟。物理学家也不轻松——出于类似的原因，任何基于典型酒吧客概念的所谓平均场论（mean-field theory）都不会奏效。

了解“赢”意味着什么

让我们用更科学的方法来解决周五晚上酒吧的问题。正如我们前面提到的，这对复杂性科学来说是极其重要的问题。因此，许多研究团队都在研究这个问题，从物理学到金融学，从经济学到社会学，从计算机应用到人工智能，从地理学到动物学。无论哪个应用领域，研究人员都对同一件事感兴趣：决策对象集合的整体行为（有限的资源意味着不是每个人都能赢）。显然，弄清楚“赢”到底意味着什么很重要。换句话说，奖励有多少，惩罚有多少？或者更简单地说，每个潜在的酒吧客是如何权衡“得失”的？

事实证明，在我们的酒吧问题中，有好几种输赢方式。如图 4.1 所示。具体来说，每周五晚上，100 名潜在顾客（N=100）中的每一位可能获得以下四种结果中的一种。

行动＼结果	太拥挤	不拥挤
去酒吧	输	赢
不去酒吧	赢	输

图 4.1　了解输赢的方式。

第一种赢的方式：你决定去酒吧，结果发现那里人不多，只有不到 60 人。例如，假设在某个周五光顾酒吧的总人数只有 50 人。因为 50 比 60 小，这意味着光顾酒吧是正确的选择——你赢了！我们可以用数学方式来表示，在某个周五 t，光临的顾

客总数是 $n[t]$，在该例中，$n[t]$=50，舒适极限 L=60。因此，在 $n[t]$ 小于或等于 L 的情况下，你就赢了。

第一种输的方式：你决定去酒吧，结果发现酒吧里挤满了人，人数超过了 60。简言之，如果你决定在某个周五 t 光顾，如果 $n[t]$ 大于 L，你就输了。

第二种赢的方式：如果你决定不去酒吧，结果发现酒吧太拥挤，你也会认为自己是赢家。简言之，如果你决定在某个周五 t 不光顾，如果 $n[t]$ 大于 L，你就赢了。

第二种输的方式：如果你决定不光顾，结果发现酒吧里人很少，你就输了。简言之，如果你决定不在某个周五 t 光顾，如果 $n[t]$ 小于或等于 L，你就输了。

我们可以想象，与每种结果关联的是某种回报，不一定是金钱，也可以是满足感。当然，我们对这一过程可能会有不同程度的满意度。但我们可以假设所有潜在顾客的欲求反应非常相似，因此可以将“赢”视为获得某种满足感或财富，而将“输”视为失去某种类似的满足感或财富。换句话说，这就像我们在圣诞节或假期玩的家庭小游戏。事实上，决定是否去酒吧的过程是一个大游戏。

去不去酒吧？

我们现在已经了解这场游戏的输赢意味着什么了。但你该如何决定呢？让我们先想想，如果你不记得自己前几周的决定，也不知道酒吧是否拥挤，那么在这种情况下会发生什么。简言之，你没有来自过去的反馈。我们还假设你不知道多少人想去酒吧（即 N 的值）。因此，你可能会想通过抛硬币来决定这个周五做什么。事实上，在没有任何其他知识的情况下，这是你所能做的最佳选择。你的决定基于抛硬币的结果——换句话说，你的决定是随机的。事实上，即使你认识可能去酒吧的顾客，并且能给他们打电话，了解他们想做什么，事情也不会真正发生改变。也许他们后来会改变主意。此外，这是一场有限座位的竞争，所以，即使他们告诉你他们的打算，你会理所当然地相信吗？

反馈的存在是复杂系统的核心，即复杂性的核心。但到目前为止，还没有出现反馈——这很不现实，因为我们都对之前发生的事情有某种记忆。不管这份记忆是正确的，部分正确的，还是完全错误的，它确实存在，并且会在特定情况下使我们的决定产生偏倚。所以，作为经常去酒吧的人，我们可能会记得前几个周五都做了什么，我们也可能会知道，事后看来，在那几个晚上做什么才是最佳决定。因此，每个人都会有意或无意地记录自己的过去。这就让我们产生了是否需要对我们的方法或策略做出修改的想法。同样的事情也会发生在交通中，尤其是在我们是否选择某条回家的路这个例子中。根据对自己过往行为的记忆，以及后来从其他人那里或电视上听到的关于当晚交通状况的信息，我们会记住前几次所选的回家的路是否“赢”了。

但具体而言，应该如何添加这些反馈呢？方法很多，但研究团体遵循的方法主要有两种，附录中列出的出版物中有专门的介绍。最好将这两种设置视为某种“简单”版本，可以在此基础上添枝加叶。这两种设置显示出酒吧客有条理的行为和粗心行为的数量差异。换句话说，就像第 2 章和第 3 章中的实习生一样，有条理的决策和随机决策的数量不同。第一种设置涉及的酒吧客既不很有条理，也不很粗心。本节将深入讨论这类案例，因为它是许多人实际遵循的中间立场行为。第二种设置涉及的是很有条理的酒吧客，他们会在人群中造成更大的受阻（受阻的概念在第 2 章中讨论过）。无论这两种设置的差异如何，也无论在其中添加了什么，结果是，两种设置都出现了相同的普遍现象，特别是，都出现了从众与反从众的现象。

在此我们重点关注第一种设置中的酒吧客，他们做决策不太有条理，但也不太粗心。换句话说，他们的行为不像电脑一样系统、可靠——但也不至于随机到只用简单的抛硬币来决定自己的行为。就像第 3 章的实习生一样，这种属于中间地带的行为可以用抛硬币来模拟，其结果会受到来自过去的反馈或记忆的影响。然而与第 3 章的简单示例不同，我们允许抛硬币的具体方式因人而异——通过这种个体偏倚，我们才可以模拟真实世界的情况。在真实世界中，特定数量的人群往往包含多样化的性格类型。

假设每个人都能记住自己以前成功的净次数。换句话说，我们记住的是赢的次数减去输的次数。如果相比胜利的次数，失败的次数过多，我们就会改变决定方式。换句话说，我们会改变策略。具体来说，让我们假设“过多”指的是数字 d。但我们的策略是什么？我们假设所有的潜在顾客都知道前 m 个周五晚上发生了什么。例如，$m=2$ 对应于前两个周五晚上。更具体地说，他们知道前 m 个周五的正确行为是去酒吧，还是不去酒吧。用数学术语来说，他们知道 $n[t]$ 是否小于或等于 L，或者 $n[t]$ 是否大于 L。我们把这两种结果称为 1 或 0，对应于正确决定是去酒吧还是不去酒吧。结果 1 代表正确决定是去酒吧，结果 0 代表正确决定是不去酒吧。换句话说，我们都有效地将 0 或 1 存储为历史记录。例如，我们记得前两周的结果，其记录可能是 11，这意味着正确决定是在每周五晚上都去酒吧；00 意味着正确决定是每周五晚上都不去酒吧；10 意味着正确决定是在上上个周五去酒吧，而上周五不去酒吧；01 意味着正确决定是上上个周五不去酒吧，而上周五去酒吧。

假设在某个周五，之前 $m=2$ 的正确决定是 11。我们可以想象，每个潜在顾客都记得上次的模式 11 发生时的情况。也许这仅仅是一个月前的事，或者是更久前的事——这没关系。如果之前 $m=2$ 的正确决策是 00、10 或 01，同样也适用。简言之，所有潜在顾客都带着一张纸，上面列出了每种模式最后一次出现后的获胜决定。这份数据明细表是常见信息的来源。

到目前为止，一切顺利。每个酒吧客都有过去成功的记录，这让他们了解自己策略的有效性，这是他们的私人信息。他们也有一张数据表，告诉他们将面对的每个可能模式出现之后的正确决定，这是他们的公共信息。公共信息可以通过广播或电视等公共信息系统传播。重要的是，所有的酒吧客都知道它，而且对他们来说，这些信息是一样的。

我们前面提到过有偏倚的硬币，此处体现为酒吧客有各自的特点。有些人可能会认为，考虑到上一次结果的模式，同样的事情很可能会再次发生，换句话说，他们相信历史会重演。另一方面，其他人可能会认为，正是因为事情在上次发生了，现在才会发生相反的情况。换句话说，他们认为既然游戏具有竞争性，所以历史不会重演，相反的情况会发生。许多人也可能处于这两个极端之间，但每个人所处的位置不同。作为个体，随着时间的推移，我们可能会改变自己的位置。我们可以模拟不同的可能性，假设每个潜在的酒吧客都抛一枚硬币，如果正面朝上，就意味着他认为历史会重演。换句话说，当面对一段特定的历史（如 11）时，他只需看一眼数据表，了解一下上一次发生 11 时正确的决定是什么。如果抛硬币的结果是正面朝上，他就假设历史将会重演。相反，硬币反面朝上意味着他假设历史不会重演，相反的情况会发生。换句话说，当面对一段特定的历史（比如 11）时，他只需看一下数据表，看看上一次发生 11 时的正确决定是什么，然后做出相反的决定。

为了阐述酒吧客的不同特点，我们可以假设，不同的人抛出正面朝上或反面朝上的概率是不同的。我们会说，抛出正面朝上的概率（因此假设历史会重演），是由某个特定的人给出的，我们用数字 p 表示。例如，这个数字可能是 60%，在这种情况下，这个人相信历史会在 60% 的时间里重演，或者相当于每 10 次有 6 次会重演。用硬币抛掷的术语来说，抛出正面朝上的概率是 p=0.6。同样，抛出反面朝上的概率，即假设历史不会重演的概率是 40%。这相当于反面朝上的概率是 $(1-p)$=0.4。所以一个人的 p 值，就像一种特征描述。p=1 的人认为历史总会重演。p=0 的人认为历史永远不会重演，相反的事情总会发生。p=0.5 的人则持观望态度，他们不确定历史是否会重演，所以不断地在两种相反的观点之间切换。

图 4.2 显示了 3 个酒吧客的情况。在这个例子中，历史告诉我们正确的决定是去酒吧。一个酒吧客是 p=0，总是做与过去相反的事，一个是 p=1，总是做与历史相同的事，一个是 p=0.5，总是用抛硬币来决定怎么做。硬币正面朝上，他就去酒吧；反面朝上，他就不去酒吧。根据这一结果，酒吧里的人数会是 2 人或 1 人。

请注意，这与思考文件在架子上的排列很相似，这正是我们先讨论无生命对象或无须做决策对象，然后讨论需要做出决策的对象的原因。此外，这种相似性意味着，我们在第 2 章和第 3 章中看到的每种行为，都可以出现在决策对象（比如人）的集合中——甚至出现的次数更多。

在这种设置中，人数很多时会发生什么？我们可以假设每个人的初始值是 p，他们如果在一段时间内表现很差，就会以某种方式修改自己的 p 值。我们在前面已经简单说明，在什么情况下我们会修改 p 值。如果一个酒吧客发现他输的次数减去赢的次数所得出的结果等于 d，他就会改变其 p 值。然后他会将其个人的输赢记录重置为 0，使用新的 p 值，直到这个值也需要修改，以此类推。只要他输的次数减去赢的次数的结果小于 d，他就会继续使用现有的 p 值。

历史告诉我们“去酒吧”

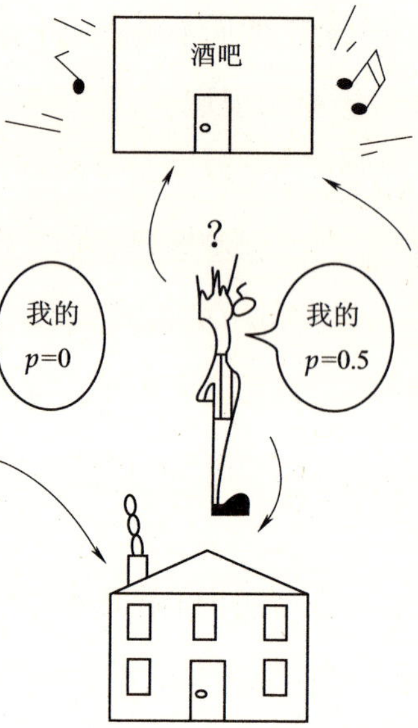

图 4.2　只有我们仨。一个人相信历史总是会重演（即 p=1），一个人相信相反的事情总是会发生（即 p=0），一个人不断地在两者之间切换（即 p=0.5）。在这种情况下，过去的历史告诉你，你应该去酒吧。如果 p=0.5 的人决定去酒吧，那么酒吧里就会有两个人。因此，如果舒适极限为 1，酒吧就会过于拥挤。如果 p=0.5 的人决定不去酒吧，那么酒吧里就会有一个人。因此，如果舒适极限为 1，酒吧就不会过于拥挤。

从众与反从众

我们试图模拟群体的总体多样性，因此有必要从收集具有一系列有 p 值的人群开始。一个简单的方法是给每个酒吧客随机分

配一个初始 p 值，它介于 0 和 1 之间。然后，我们让系统按照上一节描述的那样发展。现在，最大的问题是：随着时间的推移，这些酒吧客会怎么做？既然没有人能够一直赢，那么人们是否会逐渐变得不确定，从而趋于 p=0.5？换句话说，人们会趋于完全随机的行为吗？

值得注意的是，事实证明并非如此。香港中文大学的许伯铭及其研究生团队与我的团队合作，对这个问题进行了详细的研究。事实证明，酒吧客们的行为并非趋于随机行为，相反，他们往往远离随机，趋于极端。换句话说，他们趋于两极分化，分化成认为历史会重演的人，和认为历史不会重演的人。那些倾向于转换观念的酒吧客，往往损失更大，因此最终改变了 p 值。那些 p 值趋于 0 或 1 的人损失较小，因此保持 p 值的时间较长。最终结果是，酒吧客通常自发地分成两组，一组人的 p 值趋于 0，另一组人的 p 值趋于 1。换句话说，人群往往分成两种，一种认为历史会重演，因此置身于 p=1；另一种认为会发生相反的情况，因此置身于 p=0。我们称前者为从众，后者为反从众，因为他们采取与大众相反的行动。图 4.3 显示了这种效应。

但也许你会想，这种奇怪的效应是否都是由我们设置问题的方式引起的？如果我们改变 m 的值，也就是改变公共信息数据表中记录的过去结果的量，事情是否有可能发生改变？或者说，人们改变 p 值的方式至关重要？有趣的是，事实证明这些都无关紧要。换句话说，人们分化成从众与反从众，尽管令人惊讶但并非怪事。相反地，从众与反从众的出现是这类竞争游戏的普遍特征。实际上，无论 m 的值是多少，都会出现与图 4.3 相同的形状。酒吧问题只是此类决策问题的一个例子，在交通、市场和各种其他系统中也会出现类似的从众与反从众现象。换句话说，它是一种真正的涌现现象，在不同的应用领域中具有普遍性。

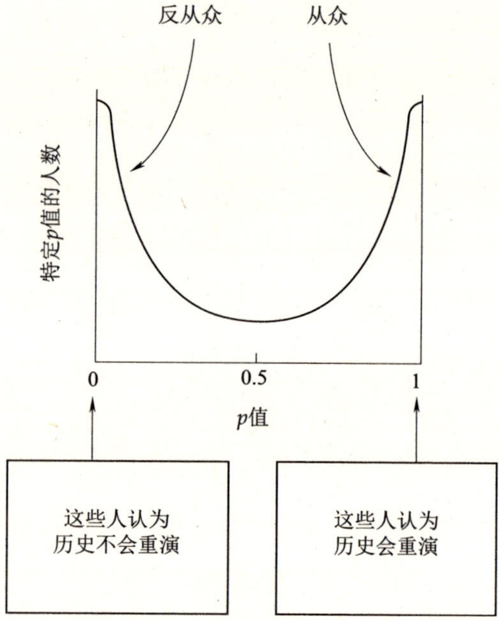

图 4.3　我们被自然地划分成两个阵营。在酒吧的案例中，如果舒适限度大约是潜在酒吧客人数的一半，人群最后的决策就会趋于两个极端。这说明了一群人认为历史会重演，而另一群人认为历史不会重演。因此，人们将自己分化为两个对立的群体。人群的这种两极化是一种普遍的涌现现象。任何涉及决策对象集合（如人群）的复杂系统，都会或多或少地出现这种情况，这些决策对象正在争夺某种形式的有限资源。

从众与反从众现象导致了一个非常重要的后果。事实是，在 p=1 周围的人群中，人们通常会采取与 p=0 的人群相反的行动，这意味着就整个人群的行为而言，这两种截然相反的人格类型的行为往往会相互抵消。这正是我们之前所说的会发生的事情。例如，金融市场中这一现象尤为重要，因为这意味着在某一特定时刻，决定购买的人数基本上会抵消决定出售的人数。要理解这种抵消的重要性，只需想想房地产市场，如果买家和卖家数量相等，那么由于供求平衡，价格往往不会有太大变动。拉高价格的买家不会过多，压低价格的卖家也不会太多。由此产生的市场价格变化往往较小，因而波动较小。

我们发现了一种非常显著的效应。即使人们在游戏中没有交流，即使游戏是竞争性的，系统作为一个整体也能够实现自组织，其波动程度比每个人都抛硬币的结果还要小。更笼统地说，假设波动在某种程度上对系统不利，那么我们已经证明，通过竞争，系统作为整体的表现比个体的独立行为（比如，抛硬币）要好。人们对有限的资源进行竞争，得到的是相同的反馈，这两个事实结合在一起似乎形成了由“看不见的手”控制的系统。但实际上并非如此。回顾第 1 章提到的工程应用，我们可以看到，这种通过竞争而不需要任何交流或协作的自组织控制为何会引起工程师的兴趣。它使工程师能够模仿“看不见的手”的控制效果，而无须建造或维护一个中央控制器。换句话说，它们只需让个体要素之间相互竞争，就可以消除系统中潜在的有害或危险的波动。

即使我们改变了反馈给行为主体的公共信息（即关于过去结果的数据表），只要所有人收到的信息是一样的，结果也是一样的。简言之，无论这些信息是历史信息，还是只是他人的预测、广播公告、谣言，甚至是虚假信息，都不重要。每个人接收到相同的信息，并使用各自的 p 值对其做出反应，这一事实意味着每个人都通过这个共同信息有效地结合在一起——不管这些信息来自哪里，也不管它们是对是错。反馈以公共信息的形式出现，但反馈的实际信息是否正确并不重要，重要的是每个人都收到相同的信息。

到目前为止，我还没有提到酒吧的舒适极限 L 的值如何影响结果，或者净损失 d 的值如何使事情发生改变。结果再次证明，这些因素并没有太大影响。只要 L 不太接近潜在酒吧客的数量 N，不至于让竞争消失，那么就会出现同样的从众与反从众分化。唯一会扰乱从众与反从众形成的是，我们让失败的惩罚超过胜利的奖励。这将影响整个游戏，因为人们通常会迅速改变其 p 值，如此一来，人群永远不会稳定下来。相比之下，让胜利的奖励超过失败的惩罚，并不会扰乱从众－反从众现象。

另一段受阻的经历

我们在上一节了解到，人群通过趋向极端 p 值而自动分离。因此，在每一回合中，坚持同样决定的人比随机选择的不确定的人表现得更好。要理解这种效应，我们可以再次研究三个人的例子。事实上，我们将更进一步，只考虑三个 p 值：p=0 代表总是与公共信息背道而驰，p=1 代表总是与公共信息亦步亦趋，p=0.5 代表此人非常谨慎，通过抛硬币来决定。让我们假设有三个酒吧客，舒适极限是1。换句话说，N=3，L=1，这意味着潜在顾客的人数是酒吧座位数量的两倍以上，很明显，这体现了资源有限的概念。

如果我们想象三个人的情况都是p=1，那么他们都做了相同的决定，采取了相同的行动。三个人要么都去酒吧，酒吧人满为患，所以他们输了；要么都不去酒吧，酒吧人很少，所以他们又输了。所以p=1的情况不太可能持续很久。同样地，如果三个人的情况都是p=0，也不太可能持续很长时间。另一方面，如果他们的p值都是0.5，那么至少有一种可能性，即有两个人抛出的硬币是正面朝上，一个人抛出的是反面朝上，有一个人会获胜。反之亦然。然而，也有可能他们抛出的结果都是正面或都是反面朝上，因此他们都做出了同样的决定，再次失败。

有一种更好的情况，至少能保证不是每个人都输，那就是两个人p=0，一个人p=1。这样的话，总有一个人会赢。要么有两个人去酒吧，不去的人就赢了；要么只有一个人去酒吧，这个人就赢了。同样，一个人p=0，两个人p=1的情况也保证了总有一个人会赢。这是图4.4中最上面的两种情况。此外，考虑一个人p=0、一个人p=0.5和一个人p=1的情况。如图4.4所示。根据p=0.5的人抛硬币的随机结果，输的人要么是p=0，要么是p=1。但这保证了每个回合都有一人获胜。所以图4.4中的三种情况都是一人能赢。如果系统随着时间的推移在这些排列组合之间移动，就像第2章文件系统在不同排列组合之间移动一样，那么获胜的人不会总是同一个人。胜利将由他们三个人分享。因此，观察到的平均分布应该是这三种有利情况的某种平均值，因此总体上对三人都有利。从图 4.4 中我们可以看到，这三种情况的平均值确实偏向两边，即 p=0 或 p=1，而不是偏向中心 p=0.5。图 4.4 底部的 U 形结果与图 4.3 的结果非常相似，这也解释了从众与反从众的分离现象。

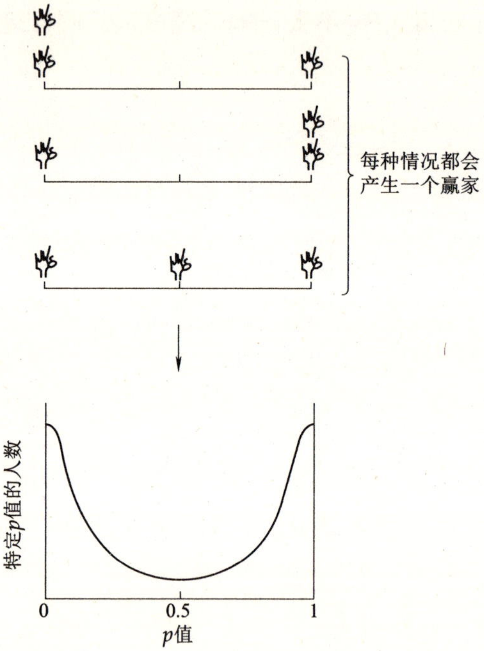

图 4.4　三个人在三个 p 值 0，0.5 和 1 中的三种可能的情况。因为每一种情况都会导致两个人做出相同的决定，而另一个人做出相反的决定，所以在酒吧的舒适极限为 1 的情况下，每种情况都会产生一个（且只有一个）赢家。请注意，最上面的两种情况，没有人处于 p= 0.5，因此这三种情况的平均值在图的底部显示出 U 形。这就解释了图 4.3 中观察到的 U 形。

现在我们了解到，为什么一群人会把自己分为从众与反从众。这是一种真正的涌现现象，是一组决策对象争夺有限资源的特征。因此，这种群体涌现会出现在本章和第 1 章讨论的所有现实世界问题中，尤其是金融市场和交通领域。

现在，我们如果限制了某人可能接受的 p 值，可能会阻止图 4.4 中某些情况的发生，或者至少减小它们发生的概率。这正是我们在第 2 章中看到的受阻效应。很显然，如果不利的情况被阻止了，系统的整体表现会较差，因为实际的赢家人数会低于可能的最大赢家人数。换句话说，该系统往往无法充分利用其资源，这是受阻的另一个标志。在这种情况下，图 4.3 中的 U 形通常会被阻止，无法完全呈现出来。根据受阻的确切性质，它将以某种方式被扭曲。换言之，从众或反从众都有可能占主导地位。由于两者之间的抵消效应会减弱，输出（比如金融市场环境中的价格）将会大幅波动，即输出的波动性将比以前更大。附录中的参考文献包含了对在不同情况下的从众与反从众现象的研究，它们是香港中文大学许伯铭的一个研究项目的结果。在不同情况下，计算机模拟的结果都可以用从众与反从众的数学理论来理解和解释，即所谓的从众 - 反从众理论（crowd-anticrowd theory）。

最后，我们来简要探讨一下第二种普遍设置——将反馈添加到决策对象的集合中。我们在前文中提到，另一种设置涉及的酒吧客，其行动基本上是有条理的。同样地，潜在的酒吧客都了解前 m 个周五晚上的结果。现在他们有了几种策略，每种策略都是对这些结果的固定反应。由于这种固定反应，以及人们只有几个策略可供选择，与第一种设置中 p 值遍及整个范围相反，这就产生了大量的受阻。尤其是，从众往往比反从众多得多。这种设置存在一种机制，即抵消相当大，但它只出现在很小的 m 值范围内。除了我们，弗里堡大学的 D. 沙莱和张 Y.C.，密歇根大学的 R. 萨维特和 R. 里奥洛，以及牛津大学的 D. 谢林顿也对这种特殊设置进行了详细的研究。

有了这些设置，我们就能探索此类二元决策博弈的大量变体和泛化。相关的论文列在附录的后半部分。例如，接收了较多信息的人是否会发现：自己的境况更好，而那些获得较少信息的人则遭受了损失。我们已经能够对类似的问题进行研究。有趣的是，答案是否定的。原因在于，信息就像食物一样——那些大快朵颐的人往往会忽略残渣，而其他人会去吃这些留下来的残渣。因此，他们可以在某种信息生态中和平共存，不会互相妨碍。研究还发现了更有趣的现象，即大快朵颐的人可能在不知不觉中留下小残渣。如此一来，每个人都能从群体多样性中获益。

进化管理：设计未来

现在我们已经了解了，在决策对象（比如人）的集合中，复杂性是如何涌现的。但是，我们的目标是管理复杂系统以避免不想要的行为，这一目标能否实现？事实证明，很有希望实现。牛津大学的戴维·史密斯利用复杂的数学分析证明，这确实是可能的。附录中列有他的研究论文，在此就不具体介绍他全部的研究内容了。

想象一辆车轮抖动的汽车。显然，这是一个潜在的危险，但在实践中我们都知道如何驾驶这种汽车：紧紧抓住方向盘，以减少颤动，然后像往常一样向右或向左转动。只要你紧紧抓住方向盘，让车轮的转动压制抖动，你就能让车按预期向左或向右行驶。现在想象一下，这辆车有一个潜在的“复杂系统”设计。因此，你可能既不完全了解转向机制，也无法直接接触到它。让我们假设在你和车轮之间有一组非常复杂的相互连接的杠杆。换句话说，在真正的复杂系统中，交互对象通过非常复杂的排列组合组成了转向机制。现在你要面对两个问题。首先，是一个预测问题：你需要预测汽车在接下来几秒内的行驶方向，以确定它是否会有危险。其次，是一个控制或管理问题，即使你能确定汽车的移动方向，从而决定是否去控制它，你也面临着应调整哪些杠杆以实现所需转向的问题。

当然，如果这是一辆标准汽车，那么你可能会去找一个了解并能够接触到汽车部件的机械师。了解了所有关于汽车制造和年份的信息后，他就知道如何解决这个问题了，即使这意味着要经过最烦琐的步骤——将汽车从路上移开，拆下零部件，然后重新组装。但在现实世界的复杂系统中，这种程度的干预通常是不可能的，它们的组成部分和相互作用的确切性质通常也不为人知。因此，即使某人能确定需要何种干预，也只能间接地、偶尔地实施干预，而且就其具体程度而言，通常只能进行大致的干预。更糟糕的是，现实世界中的大多数复杂系统都无法“关闭”，而此类干预需要实时进行，就像当汽车在高速公路上高速行驶时对它进行维修一样。

尽管这看似是无法克服的挑战，但戴维·史密斯的研究表明，我们确实可以管理这种在线复杂系统。他已经证明，对于本章前面所说的基于多目标竞争的复杂系统，预测问题和随后的控制/管理问题都有相对简单的解决方案。

就预测问题而言，戴维已经证明，一个人即使对过去的行为（即整体产出）知之甚少，也可以创造出通向未来的通道，因为系统很可能沿着这些通道移动。这些通道有两个重要特征：宽度（他称为特征随机性）和平均方向（他称为特征方向）。在大多数现实世界的复杂系统中，从生物学到金融市场，我们观察到的动力系统是如此复杂。更具体地说，系统在有序与无序之间移动的方式是如此复杂，以至这些通道的宽度和平均方向都不是恒定的，它们会随时间的推移而改变。在预测现实世界的复杂系统时，传统的时间序列预测方案表现得很糟糕，这就是其原因所在。然而，戴维的研究表明，在对过去整体产出的信息知之较少的情况下，尤其是在不确定个体对象行动的情况下，他仍可以制造出通向未来的通道，而且后续的系统行为将非常精准地沿着这些通道移动。

戴维的研究表明，随着时间的推移，这些通道的宽度和平均方向可能会发生显著的变化，特别是当宽度远大于平均方向的时候，反之亦然。这正好反映了我在本书强调的特点，即复杂系统展现了局部有序。它不断地在有序和无序之间移动，对未来走势的可预见性也是如此。当通道的宽度大于平均方向时，做出未来某个方向的明确预测是不明智的。例如，预测金融市场价格的涨跌。话虽如此，在金融环境中，即使有很小的“优势”也足够了：即使你不能一直预测未来的价格走势，你也可以赚到钱。第6章讨论金融市场时，我将重新回到这个话题。但现在，戴维的通道理论为我们提供了一个准确的视角，帮我们了解系统风险如何随系统自身的发展而发展。简言之，随着时间的推移，这些通道的行为表明了可预测性的有无，这反过来反映了系统中秩序的有无。

现在，我们来讨论控制/管理的问题。如前所述，仅仅是意识到系统正在“偏离轨道”，并不一定意味着我们可以对此采取措施。有人可能会猜测，为了做出重大改变，我们必须以某种方式对系统的所有要素了如指掌。这种控制听起来极具入侵性。戴维的研究再次表明，这种极端情况并不总是必要的。他发现，对群体构成做一些一般性的“调整”就足够了。特别是，我们无须详细了解群体的精确组成结构，也无须详细了解正在发生的精确变化。秘诀不在于调整的幅度，而在于调整的时间。特别是，我们甚至不需要直接接触系统中的所有对象。毕竟，它们通常是隐匿的，比如体内的细胞，在危险区搜寻炸弹或地雷的机器人，或者发射到宇宙的航天器集合。通常，我们要做的是调整可以接触到的子群。戴维表明，即使在无法接触任何对象的情况下，我们也可以仅通过在集合中添加更多对象，实现对系统的操纵。

撇开有“复杂系统”的汽车不谈，这种在线系统管理有许多潜在的应用方向。未来的飞机将有很多相互作用的部件，飞行员不可能掌握所有可用的信息。简言之，飞机将“失控”，因为如果出现问题，任何人或计算机都无法迅速做出反应。那么该如何控制该系统呢？一种方法是使用一组位于机翼上相互竞争的微型襟翼，然后根据戴维的方案实时管理它们。这正是斯坦福大学的依兰·克罗所寻求的方法。在人类生物系统中，医生经常发现自己必须处理复杂的情况，以应对人体的生理活动。更糟糕的是，在任何时候，医生都不知道这种活动的确切性质和程度。例如，很难测量免疫系统中免疫的精确水平，心脏活动或精神行为的水平也不容易被测量出来。这反过来又为所谓的动态疾病（如癫痫）及其实时管理提供了可能的连接。同样，癫痫发作涉及数百万神经元活动的突然变化。癫痫的反馈控制需要一种可植入的装置，这种装置可以预测癫痫的发生，然后通过刺激来避免它。这听起来是一种侵入性的手术。但戴维的工作带来了希望，我们有可能开发出一种“大脑除颤器”，在大脑的小区域传递简短但有效的电刺激，而不是侵入性地控制每个“因素”（即神经元）。

另一类可能的生物学应用是癌症的治疗。在每个肿瘤内部，癌细胞和正常细胞都在争夺两种有限的资源：血液供应中的营养物质和生长空间。完全侵入性的肿瘤切除破坏性太大，很可能会促发突变，也就是说，只切除 90% 的肿瘤可能比保持原样更糟糕。通过了解整个种群的行为方式，我们可以将戴维·史密斯的“种群工程”应用于小细胞群。戴维的工作表明，未来我们可以引导肿瘤向更安全的区域发展——并非百分之百准确，无论如何不可能做到完全准确。在免疫系统中，身体通过数百种不同生物对象的相互作用来实现自我调节。人们可以调整部分系统，从而改变整体行为。例如，像关节炎这样的自身免疫性疾病就是人体对自身发起的攻击，我们可以通过接种针对其他疾病的疫苗来控制它。既然所有这些实体或对象都是相互关联的，那么通过使免疫系统群体产生偏倚，我们就可以将整个系统引导到某个特定的方向。在正确的时间和地点进行这种轻微、间接的干预，足以产生预期效果。

该理论在金融领域也有一些有趣的应用。首先，像英格兰银行或美联储这样的机构，本身并不会预测金融市场的走势，但它们可以在必要时介入市场，对一小部分交易人群施加少量影响，还可以通过影响市场指数或汇率，引导金融体系走出困境。当然，它们也可能会进行大规模的干预。毕竟，如果有人进行非法交易，那么市场将因交易停止而不再运转。然而，戴维的工作意味着，在不进行过度干预的情况下，我们也可以实现这一目标，因此成本相对较低。其次，假设有一位基金经理持有大量股票。这些股票相互竞争，争夺基金投资组合的份额。如果基金经理看到整个投资组合的价值暂时下降，她当然可以卖掉所有股票，然后买新的，但这样做的交易成本非常高（即侵入性很强）。戴维的研究表明，她可以通过买卖少量股票来实时调整投资组合，从而避开风险。

未来的“智能”技术也能从中受益。如前所述，想象一群自主行为主体在争夺有限资源，例如一群宇宙飞行器，一群检查建筑物的反爆炸机器人，甚至是人体内的一群纳米机器人。给它们重新编程不切实际或不可能，因此，需要其他形式的控制。戴维的研究表明，这种控制可以通过向系统注入行为主体的形式（即打“疫苗”）来实现。在明智选择疫苗成分的前提下，行为主体竞争的本质是：与种群中其他主体进行交互，通过反馈产生整体导向效应。这种方法也可以使系统受益，因为参与者的绝对数量会导致传统控制失效。进一步考虑未来的技术，这种控制理念还可能适用于涂有相互作用的活性剂的材料表面，即所谓的“智能表面”，甚至适用于“智能物质”的新设计。

它甚至可能有助于我们理解并最终控制全球变暖。通常情况下，人类的行为和天气之间没有反馈。人们享受日光浴，这并不影响阳光明媚的可能性。然而，从长远来看，整个社会的行为似乎确实在改变着气候。原因是人类消费产生的废物，如温室气体，排到大气中，最终可能影响全球的气候条件。气候是空气和水之间相互作用的复杂结果，更具体地说，是海洋、空气和陆地温度变化的结果。从长远来看，它很可能会被我们的集体行动所改变。我们的行动可能会导致全球变暖。戴维的研究表明，我们不需要完全控制气候系统，或了解其各个组成部分的作用，也有可能“消除”或至少缓解这些影响。例如，即将到来的洪水、飓风或干旱可能会因某种形式的大气干预而减弱。我们也许可以通过向空气中注入无害的微粒气体，促成提前降雨或改变当前的云层。

最后，我们谈谈好莱坞电影。你可能已经注意到，这项研究与电影《少数派报告》（*Minority Report*）有相似之处。这部电影讲的是几位“先知”的故事，这些先知能对未来做出非常模糊的预测。虽然这部电影中只有三位先知，但事实证明，戴维·史密斯构建未来通道的数学模型与先知类似。当先知们尚未达成共识时（这是《少数派报告》的开头），通道非常宽，没有明确的方向，未来变得不可预测。相比之下，当先知们的意见达成一致时（在电影中总是如此），通道狭窄且有明确的方向，未来就是可以预测的。

第 5 章
建立联系

认识我，认识你

我们刚了解到，在不需要任何“看不见的手”或中央控制器的情况下，一群竞争的决策对象（比如人）神奇地自组织成群体。更令人惊奇的是，这完全是无意的。如果他们互相竞争，那么谁都不会想成为群体中的一员。然而，人群还是出现了。这是因为每个人得到相同的整体信息，他们都在竞争相同的有限资源，比如某条路上的空间，或某个金融市场的有利价格。

在金融市场和交通这种复杂系统中，人们通常互不相识，也不知道如何建立联系。但人是社会性动物，在诸多人类复杂系统的例子中，人与人之间很可能会私下接触，结成某种联盟或同盟。换句话说，他们会直接与其他子群互动。简言之，他们形成了一个网络。动物王国也是如此。

局部接触和交流促成个体之间的互动，这使得网络在复杂性研究中变得至关重要。网络告诉我们谁与谁之间有联系，谁与谁之间有互动，以及他们的互动是什么。一部分人将信息反馈给另一部分人，网络在其中发挥了作用。例如，手机通话可以立即将相隔千里的人联系起来。在第 4 章中，我们讨论了以共同信息或公共信息形式出现的反馈，这些信息通常来自过去。在这里，我们找到了一种可能性，即反馈也可能来自空间中不同的点。此外，不同的人可能有不同类型和 / 或不同数量的反馈，这取决于他们在社交网络中与谁发生连接。

迄今为止，科学家们一直关注的都是静态网络（static networks）。换句话说，他们关注的是在特定时段出现的所有连接，而不关注这些连接出现和消失的时间。该方法存在一个大问题。将所有连接放在一起，意味着失去有关连接出现和消失的顺序信息。然而，事情发生的时间点是非常重要的信息。

想象一下，一群人正在传播谣言，或者更糟糕的是，某种病毒正在传播。让我们关注三个人，假设一种特别危险的病毒正在传播。假设 A 和 B 还没有被感染，但 C 被感染了。如果你是 A，那么 B 和 C 的聚会发生在 B 与你聚会的前一晚还是后一晚，这一点十分重要。如果在那之后，那么你是安全的，但如果在那之前，你就要小心了。

正是出于这个原因，你身处的网络才显得如此重要，在涉及信息、谣言或病毒等的传播时尤为如此。最重要的是，你与谁建立连接，以及建立连接的方式和时间。也是出于这个原因，最近的网络研究异常活跃，研究主要集中在涉及许多对象的大型网络上。该领域的先驱包括密歇根大学的马克·纽曼、哥伦比亚大学的邓肯·沃茨、康奈尔大学的史蒂夫·斯特罗加茨和圣母大学的艾伯特-拉兹洛·巴拉巴斯。他们的研究论文可以在 http://www.lanl.gov 上找到。在此，我只提及本书复杂性主题涉及的具体研究成果。

小世界、大世界以及中等世界

网络由一组节点组成，就像前面所说的三个人。根据所研究的网络，某些节点或所有节点可通过链路连接在一起。因此，网络为我们提供了一幅关于一组对象如何连接或交互的可视画面。基于这一推理，我们日常生活中的许多事物都是关于网络的例子，从交通网络、信息网络到社交网络，甚至是投票网络。（例如，附录中列出的一篇可下载的研究论文，用网络分析来揭示欧洲人又爱又恨的欧洲电视歌唱大赛的投票偏见和派系。）

复杂系统可能表现出各种内部交互和行为，因此可能产生各种网络形状或“结构”。在某类复杂系统中，网络连接的安排方式似乎遵循特定的模式，例如，相比其他网络，社会、运输和信息网络连接的特定对象（即节点）更多。事实上，这类网络节点的数量多得反常。这些对象是许多其他对象连接的枢纽。举个具体的例子，想想美国大陆航空这种航空公司，它在纽瓦克和休斯敦都有枢纽。尽管我不希望这样，但在我们说话的档口，你可能就被困于一个枢纽中。此外，我们都知道有些人朋友众多，需要用 PDA（个人数字助理）保存所有人的联系方式，而有些人朋友很少，朋友的电话号码都记在脑子里。

一个重要的科学问题是，大自然在多大程度上支持（或不支持）集中式网络结构。我们可以从道路规划者的角度来思考这一点：要么在城市外围建一条环城公路，要么在城市中心增加几条路。事实证明，像真菌这样的生物系统一直都在解决这个问题。本质上，真菌是一个没有中央大脑或胃的大型生命网络。因此，它必须时刻向网络的各个部分供应食物，这类似于大型连锁超市必须不断地向其商店补充食品。因此，观察生物（尤其是真菌）如何处理这种供应链问题是很有趣的。

最受关注的网络结构现象是所谓的“小世界”（small world）效应。在我之前给出的例子中，用三个人 A、B 和 C 来模拟，即使 A 不认识 C，但 A 认识 B，B 认识 C，这一事实说明 A 和 C 是有间接联系的。假设 A 和 C 初次见面，在随意的交谈中发现他们都认识 B，他们很可能会得出这样的结论：“这世界可真小。”现在，想象很多人，想象世界上所有的人。我们大多生活在人口密集的地方：居住在不同的城镇，不同的州或省，不同的国家、大洲。然而，平均而言，两人之间的最短路径仍然非常短。关于这一点，有一个著名的证明。1967 年，美国心理学家斯坦利·米尔格拉姆给内布拉斯加州和堪萨斯州的很多人寄信，让他们把这些信转寄给波士顿的某个股票经纪人。不过，他没有透露股票经纪人的地址。相反，他要求收信人把这封信转寄给他们认识的人，以及那些他们认为可能因职业、地理位置或社交圈离股票经纪人“更近”的人。然后，米尔格拉姆让他们继续处理。结果是，经过平均 6 次转发，很多信件到达了正确的目的地。这是“六度分割”这一术语的起源，它表明尽管对象可能属于完全不同的群体（比如，对象是堪萨斯州的办公室职员，而非波士顿的股票经纪人），但他们之间的平均路径通常非常短。所以，虽然世界上人口众多，被组织成群体或社区，但就人们的相识而言，这是个小世界。

目前很多研究致力于解答人与人之间如何建立连接的问题。显然，考虑到具有反馈的交互对象集合的复杂特征，这种连接的性质（特别是它们可能携带的信息）非常重要。然而，如何定义网络连接，必须慎之又慎。例如，在友谊网络中，A 和 B 可能彼此厌恶，因而完全没有联系。但是，就病毒传播网络而言，他们二人如果碰巧乘坐了同一辆公交车，就很可能被联系在一起。毕竟，病毒并不要求其传播者彼此喜欢。在本书中，我们将较少关注事物之间是如何连接在一起的，而更多地关注这种连接产生的影响。我们讨论的每个网络都相当于以某种方式竞争的交互对象的集合。因此，它们除了是网络，也是复杂系统的例子。

网络的重要性

我们从自然界中最小、迄今为止最奇怪的层级——量子物理学的纳米尺度开始窥视网络。事实证明，从沙拉中的菠菜叶到整个亚马孙雨林，有一个极其重要的网络在起作用，即光合作用网络。更具体地说，是每片叶子内部的蛋白质网络，它将来自阳光的能量输送到叶子内部的某个位置，这些能量在那儿转化为植物的食物。然而，尽管光合作用是孩子们在科学课上最先学到的知识之一，它仍然给科学家带来了很多惊喜。最近的研究表明，自然可能利用了巧妙的网络队列管理技巧，以控制光抵达食物生产反应中心的速度。

更概括地说，生物复杂系统表现出丰富的网络行为。就像商界使用运输网络来配送货物，或者使用互联网来传送信息一样，大自然也使用网络来配送生命所必需的营养物质。从我们体内静脉和动脉的血流，到森林真菌的营养流，这些物质都是通过网络运输的。事实上，森林真菌是网络的一个好例子，它们完全由迷宫般的管道组成，却能在森林地面上绵延数英里[①]，就像某种天然的“森林万维网”。更值得注意的是，为了满足营养物质的运输供给，像真菌这类的生物网络往往会随时间的推移重新进行自我配置。换句话说，系统的食物运输网络影响其结构网络，反之亦然。想象一下，如果我们能让人造网络来做这件事，会发生什么？我们将拥有可以根据交通流量自行调整的道路网络。这就是科学家和工程师对探索自然网络怀有浓厚的兴趣的原因。除了着迷于它们的运行方式，我们还希望能从中获得智能网络设计的启发。

① 1 英里≈1.61 千米。——编者注

对于研究真菌等系统复杂性的研究人员来说，棘手的事情是，在任何特定的时间，没有简单的方法了解哪些真菌管道（即道路）被用来运送食物（即汽车）。没有某个设备能像交通道路上的“天眼”一样，从上方观察到食物的流动。你从上方看到的都是封闭的管道，因此不知道管道内流动的是什么，以及何时流动。幸运的是，牛津大学的马克·弗里克等研究人员成功地对真菌中的食物颗粒进行了标记，这样它们就能像移动的手电筒一样发光了，这有助于我们了解食物的流向。但还有一个悬而未决的大问题。在没有任何集中资源管理器的情况下，像真菌这样的生物网络究竟是如何不断地改变食物供应路径的呢？这就像乐购或沃尔玛永远不必监督店铺的商品供应，而只是袖手旁观、“任其发生”一样。研究人员还想知道生物系统在多大程度上使用或避开潜在的拥堵枢纽，以及这些知识是否可以用于解决人工网络的拥堵问题。同样，了解潜在的营养供应网络可以帮助医生诊断和治疗潜在的致命癌症肿瘤，以及动静脉畸形等疾病。这类疾病的发病原因是血管网络中出现了捷径，导致大脑的营养缺乏。

在人类群体层面，关于病毒传播的网络尤为重要。在写这本书的时候，禽流感似乎即将入侵西欧，科学家担心它可能与一种更典型的人类流感病毒结合，从而产生一种很容易在人与人之间传播的超级细菌。了解病毒的生物学原理很重要，同样，了解病毒如何在网络中传播也很重要。

我们的社会安全正受到全球恐怖主义、犯罪和叛乱网络的威胁。事实证明，大多数现代冲突都是一个复杂系统。各种武装叛乱组织、恐怖分子、准军事组织和军队，每一个都是不断发展的生态系统。简言之，有许多相互作用的群体，它们不断根据其他群体以前的行动做出决定。此外，这些冲突不断得到底层供应网络的滋养，其“营养”包括雇佣军、武器、金钱、贩毒和绑架。事实上，像真菌甚至癌症肿瘤系统一样，这些潜在的营养供应链可能已经自组织成某种非常强健的结构，因此，铲除或控制它们就变得越发困难。

万物如何生长：真的只取决于基因吗？

科学家面临的一个最基本问题是，确定在自然发生的复杂系统中观察到的宏观网络结构，在多大程度上来自微观细胞层次的基因指令。大致说来，人们通常认为遗传决定结构，结构决定功能。但一切真的只取决于基因吗？戴维·史密斯、李超凡、马克·弗里克和彼得·达拉一直密切关注这一问题。他们将真菌作为一个特殊的例子，因为他们可以把带标签的食物注入真菌中，从而通过真菌管（或“道”）跟踪食物的流动。

他们得出一个了不起的研究成果。他们从简单的生物功能（即食物的传递）开始，用数学方法证明了与真菌等多细胞生物体非常相似的网络结构。如图 5.1 所示，研究人员的“传递食物”模型认为，真菌的每个部分只是接受了传递的物质，然后消耗其生存所需，并将剩下的传递下去。这很像在炎炎夏日，人们排成一排，用水桶传递水。也类似于电影《哈利·波特》中，学生们在学校传统的长餐桌旁传递食物。

巧的是，研究人员发现，除了产生现实的宏观结构，模型还显现出一些重要的生物功能。这些新特性包括有效寻觅和储存食物的能力，甚至长距离移动的能力。考虑到“传递食物”规则的简单性和普遍性，研究人员认为，它在决定自然系统中诸多网络结构方面可能起到了核心作用。他们的研究结果还表明，对生物有机体进行分类的有效方法是参考其行为，而非其外观。

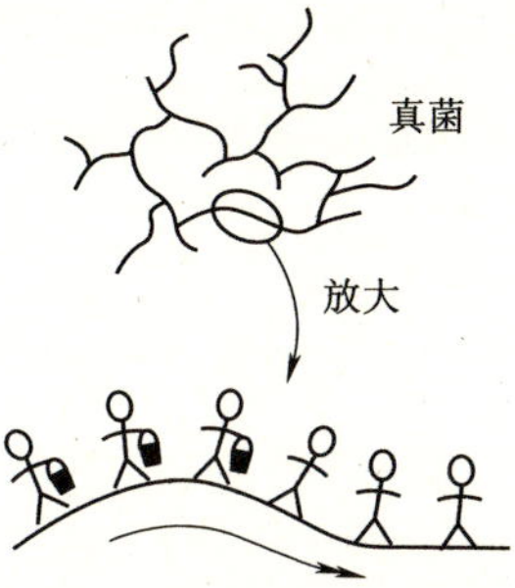

图 5.1　喂养真菌。真菌沿着网络的每个分支运输一袋袋食物，就像我们的交通运输一样。研究人员的模型显示，分支的每个部分只是简单地接收传递的物质，消耗其生存所需，然后把剩下的传递下去——就像在炎炎夏日，一排人传递一桶桶水一样。

观察树上的钱

在商业和学术领域，人们对全球外汇市场走势有着浓厚的兴趣。它是世界上最大的市场，每天的交易额超过 1 万亿美元，超过了大多数国家的年国内生产总值。然而，外汇市场变化多端，令人很难理解，因为它是汇率浮动的复杂网络，具有微妙的相互依赖性，这些依赖性随时间的推移发生变化。事实上，它是现实世界中复杂系统的绝佳示例。

在实践中，交易者在特定的时间段谈论特定的货币，就好像外汇市场是第 1 章和第 4 章中描述的某种全球游戏。如何从市场数据中发现重要的实用信息？目前，还没有成熟的方法。然而，最近一项大学和商界的合作研究表明，构建所谓的最小生成树（MST）可以捕捉到全球外汇动态的重要特性。马克·麦克唐纳、奥默·苏莱曼和山姆·豪森与汇丰银行的史泰西·威廉姆斯合作，揭示了隐藏在全球货币市场波动背后的网络。研究团队随后表明，该网络可以用来检测哪种货币在世界货币交易中“发挥主导作用”。

他们方法的新颖之处在于使用了一种被称为“树”的特殊网络，其中只有少量的连接。其思想是这样的：假设我们只有 3 种货币，比如欧元、美元和英镑。汇率实际上就是两种货币之间兑换的比率。简写 A/B 表示的意思是，一个单位的 A 货币可购买的 B 货币数量。在此情况下，A 被称为基础货币。同样，也可以用一个单位的 B 货币来购买 A 货币，简写为 B/A。这意味着每对儿货币都有两种与之相关的汇率。毋庸置疑，这两种汇率几乎相反，它们之间的差异取决于市场的主流情绪倾向于买入 A 货币还是 B 货币，或倾向于卖出 B 货币还是 A 货币。因此，3 种货币的例子将产生 6 种可能的货币配对——欧元 / 英镑、英镑 / 欧元、欧元 / 美元、美元 / 欧元、美元 / 英镑、英镑 / 美元。每种汇率都会以某种复杂的方式随时间的变化而产生波动。研究人员首先绘制了一个网络来表示这6种汇率变动之间的相关性。例如，如果欧元/英镑汇率以类似于欧元/美元汇率的方式波动，人们会说两者是高度相关的。如果欧元/英镑汇率以一种与欧元/美元汇率无关的方式波动，人们会说两者不相关。有6种不同的汇率，因此成对儿汇率之间有 $1/2\times6\times5=15$ 种不同的相关性。这个信息量很大，事实上，大到难以消化。将其扩大到世界上所有主要货币，这时交易者要进行快速分析几乎是不可能的。因此，这种原始形式的关联网络，实际用途很有限。

表现所有成对儿货币之间相关性的网络包含的信息太多，因此，在实践中用处不大。外汇交易者希望有一种简单的方法来推断某些汇率是否真的在主导外汇市场。这将支持在交易者中流行的观点，即某些货币在特定时期内可以“发挥主导作用”。研究人员采用的树构建法证明了该方法的强大。树（或所谓的最小树）方法最早的开发者是巴勒莫大学的罗萨里奥·曼特尼亚和波士顿大学的吉恩·斯坦利。由 n 个对象构成的最小树只包含 $n-1$ 个连接。因此，如图5.2所示，3种货币产生 $n=6$ 种可能的汇率，在这些汇率中只有 $n-1=5$ 条连接线。树是这样构建的：两种汇率的相关性用距离表示，最相关的两者之间距离最短。然后挑出最重要的关联，使网络保持大体形状，这很像是从完整对象中创建骨架结构。在我们的3种货币示例中，如图5.2所示，以欧元作为基础货币（即欧元/英镑和欧元/美元）的汇率都聚集在树的中心区域附近。因此，用交易者的术语来说，欧元正发挥着主导作用。为了检验最终树是否真的捕捉到了市场中有意义的信息，研究人员像洗牌一样打乱数据，创建了一个随机的外汇市场。随机数据生成的树与真正的树差异很大，这证明了研究人员的说法。尽管测试像洗牌一样简单，但在复杂性科学领域，这种随机测试是非常有价值的工具，因为更为传统的统计显著性的测试几乎没有数据可用。

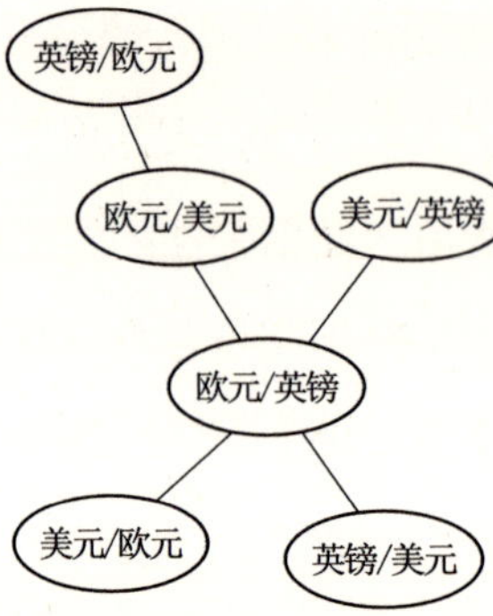

图 5.2　长有金钱的树。有 3 种货币：英镑、美元和欧元。因此，有 6 种可能的汇率。把两个圈连接起来意味着，两种相应的汇率有着相似的走势，用专业术语来说，这两种汇率具有很强的相关性。此例中，欧元在“主导”市场。

研究人员还观察了树的结构如何随时间的推移发生变化，好像它被塑造整个外汇市场的无形之风吹过一样。这股风的一部分是交易者在不同时间使用不同货币产生的反馈；一部分是由经济气候造成的；还有一部分来自跨国公司的需求，这些公司需要大量兑换某种货币。比如，福特这种大型汽车公司在亚洲最东部地区销量很大，经常需要在外汇市场上将现金换成美元，因此可能会给树带来微风。相比之下，我们去本地银行为海外度假兑换现金，对树没有任何可测量的影响。事实上，如果我们能听到一片树叶的沙沙声，那就太幸运了。研究人员发现，尽管为了识别出不同的成对儿货币聚集方式的改变，外汇市场的变化很快，但树上仍有持续数年的连接。这一引人注目的发现表明，外汇市场存在某种稳健结构。它们像某种自动机器一样自我维持，它们是真正的复杂系统。

全球化：公平与效率之争

让我们再看一看为有限资源而竞争的决策对象集合，现在我们将这些对象联系在一起。例如，两个人可以通过电话交换信息。这一研究思路最初由牛津大学的肖恩·古利、崔淑娴和香港中文大学的许伯铭共同提出。他们进行了计算机模拟，开发了一个数学理论，使用了第 4 章的从众 - 反从众描述，来解释其观察到的现象。该研究的最初动机来自大众媒体有关全球化的讨论。他们自问：上网是好事还是坏事？全球（即公共）信息和本地（即私人）信息获取量的增加，如何影响人类及个体的成功？从未来技术的角度考虑，在智能设备、微传感器、半自主机器人、纳米计算机甚至细菌等微生物之间引入通信渠道，其潜在益处与危险是什么？显然，在未来的 100 年左右，这些问题将会与计算、技术、生物和社会经济等各类系统息息相关。

研究人员的方法是通过在对象之间添加一定数量的局部连接，将第 4 章提到的二元决策博弈类推到其他领域。与之前一样，所讨论的对象可以属于生物领域（比如，一群争夺营养的细胞生物），计算领域（比如，一组争夺处理时间的软件模块），机械领域（比如，一群争夺通信带宽或操作功率的传感器或设备）或社会领域（比如，一群竞争业务的公司）。研究人员的分析揭示，全球资源竞争和对象局部连接之间存在着大量的相互作用。他们发现，对于一个资源有限的群体来说，在群体成员之间增加少量的连接会加大成功者与失败者之间的差距，并降低平均成功率。相比之下，在资源较多的群体中，低水平的连接会提高平均成功率，使大多数对象获得成功。无论全球资源水平如何，对人群总体来说，高度连接会使竞争更加公平（即成功率差距减小），但它也会使竞争的有效性降低（即平均成功率降低）。

换句话说，他们发现，"连接"竞争人群的结果，在很大程度上取决于本地连通性和全球可用资源量之间的相互作用。因此，我们不该肤浅地说建立联系是件好事，而应该说："只要不过分，建立联系可能是件好事，这取决于你优先选择公平还是效率"。诚然，这话不那么朗朗上口，但它肯定更正确。

故事讲到现在

本章到此结束，本书的第 1 部分也结束了。我们了解到，复杂性是有序与无序的微妙混合，复杂系统能够在没有任何外界帮助的情况下，在这两个极端之间移动。它们的关键要素是反馈，反馈可能来自过去的记忆，也可能来自通过网络连接到的其他空间的信息。我们还了解到，如何使用决策对象的集合来捕捉复杂性的本质，这些决策对象之间可能有，也可能没有网络连接。鉴于此，我们将继续研究复杂性最能发挥作用的应用场景，以及如何使用已了解的思想来理解我们感兴趣的现实世界系统。通过将研究对象集合与其网络结合在一起，我们开始为各种复杂问题构建一幅广泛适用的清晰图景。

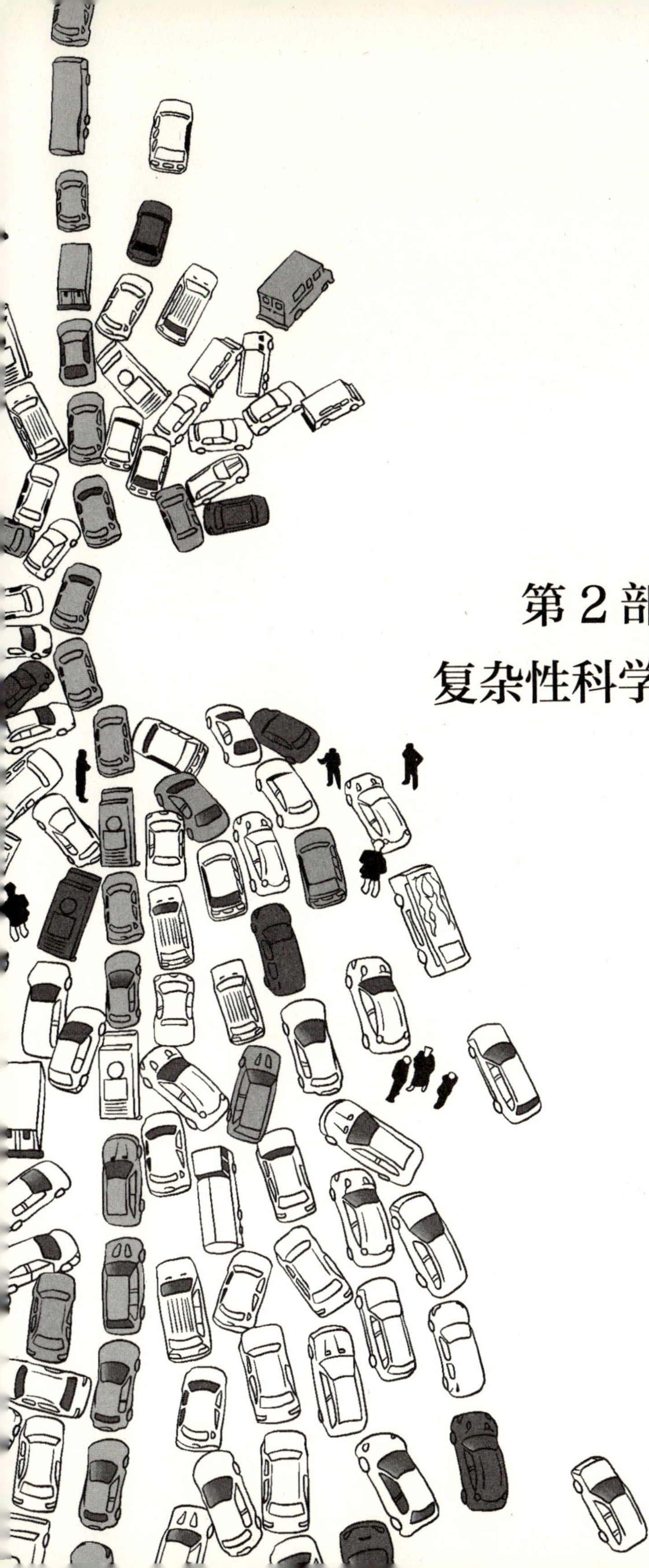

第 2 部分
复杂性科学的用途

第 6 章
预测金融市场

有起必有落：但何时发生？

我们都希望能预测金融市场的走势。能够预测明天的天气或交通是一项非常有用的技能。为了在市场上占有优势，许多人甚至会出卖自己的灵魂。随着平均养老金购买力的不断下降，也许未来我们都不得不去猜测股市的走势。当然还有一个大问题：金融市场是复杂的动力系统，它以大多数专家都无法理解的方式不断变化。然而，好消息是，它们不断产生大量数据流。你如果有幸拥有一个预测模型，就可以利用这些数据来交叉验证它。

我们之所以相信某种形式的市场预测，其主要原因在于，每次价格变动实际上都是市场众多参与者行动的实时记录——每个参与者都想在全球市场“游戏”中获胜。游戏的最简单形式就是第 1 章和第 4 章讨论的二元决策游戏：我应该买入还是卖出？因此，我们有理由相信，能够模拟这种潜在的多交易者决策游戏的预测模型，特别是第 1 章和第 4 章讨论的二元决策模型，可能确实会让我们获益。

预测金融市场与预测天气、轮盘赌或抛硬币的结果有本质区别。在市场中，每个个体（即交易者）都想预测价格的变动，以决定是买入还是卖出。购买或出售的净需求决定了随后的价格变动。由此产生的价格波动会反馈给交易者，在下一次决定买入还是卖出时，交易者可能会利用之前得到的反馈信息。这个循环过程持续不断，价格走势反馈给交易者，交易者再决定是买入还是卖出。和所有人一样，交易者会不自觉地注意到之前市场上发生过的事情。他们往往会预测模式，或者相信他们看到了模式，然后对其所见所闻做出反应。换句话说，金融市场充斥着反馈信息。这种反馈导致新的买卖决定，从而导致新价格，新价格导致新反馈，新反馈导致新决定，新决定又导致新价格，如此循环往复。

轮盘赌或抛硬币不会出现这种内在反馈。这些物体是由分子组成的，尽管它们的行为看起来很复杂，但其实只是遵循了牛顿的运动定律，其中没有决策过程，因此，与市场不同，在这两个游戏中人们所获得的结果与参与赌博的人的预测毫无关联。同样，即使每个人都拥有完美的天气预测模型，天气仍然会我行我素。最终的结果只是每个人都知道第二天该穿什么。然而，在市场上却并非如此。如果每个人都得到一个完美的预测模型，由于强烈的反馈效应，它会立即变得不再完美。每个人都会使用预测模型来决定他们的下一次交易，这将极大地扭曲市场。此时，预测模型将不再奏效。例如，如果模型预测应该抛售股票，那么每个人都想在同一时间卖出，股票会瞬间变得一文不值，因为没有人想当买家。结果是，任何广为人知或大量被使用的预测模型都会减损交易者的股票价值，而不是帮助他们赚钱。

所以，从复杂性科学的角度来看，金融市场是很好的系统研究的对象。它由具有大量内在反馈的决策对象集合组成，因此满足复杂性的主要标准。此外，过去和现在的大量数据意味着，金融市场提供了关于人类复杂系统的史上最完整、运行时间最长的记录。因此，作为现实世界系统的测试用例，金融市场在复杂性科学的发展过程中扮演着重要的角色——更不用说它在商业中的重要作用了。

金融理论当前或未来的问题

无论你的养老基金经理或股票经纪人有多聪明，他们用来管理投资组合风险和内容的方法都存在巨大的内在限制。其方法最多与他们用来描述潜在市场走势的模型一样好。既然这些人在操作我们辛苦赚来的钱，也就是说，他们会影响我们未来的财务安全，那么我们最好详细了解一下他们所使用的模式。

在第 3 章中，我们讨论了随机游走（也称为醉汉漫步），由抛硬币的结果决定向前或向后移动一步。我们已知醉汉在时间 t 内移动的大致距离可以写成 t^a，其中 a=0.5。这是 t 的平方根，平方根也可写成$\sqrt{t}$，$t^{0.5}$ 是另一种写法。这意味着如果我们等待 9 秒，每一秒对应一步，那么醉汉离起点的大致距离是 $9^{0.5}$ 步，也就是 $\sqrt{9}$ 步，等于 3 步。与我们之前的归档问题做类比，移动的距离相当于文件架位置的变化。就金融市场而言，它相当于价格的变化。

事实证明，这种随机游走代表了金融市场运行的标准模型。多数金融专业人士正是试图用这个模型为我们的储蓄创造奇迹的。最重要的是，我们可以看到，市场随机游走模型的主要假设是，抛硬币可以很好地描述下一次价格波动。硬币正面朝上表示价格有一定幅度的上涨，反面朝上表示价格有相应的下跌。

但基于我们在本书中了解的情况，我们的头脑立刻敲响了警钟。金融市场是一个复杂系统，复杂系统的输出通常不会随机游走。在第 3 章中，我们讨论了现实世界中复杂系统的一种涌现现象，它们既不太无序，也不太有序。更具体地说，我们所观察到的模式的参数 a 的值往往不等于随机游走值 0.5。

我们的顾虑是对的。目前有大量的研究证实，现实金融市场产生的价格序列特征是，a 值远非 0.5。接下来是令人震惊的消息。对于任何特定的市场，a 值不仅不是 0.5，而且无论市场位于何处，它与 0.5 差异的方式往往是相同的。这提供了一个很好的例子，说明来自复杂系统的涌现现象具有普遍性，我们一会儿再来详述这一点。

此时，你的情绪可能很复杂。一方面，从复杂性科学的角度来看，这的确令人着迷。但另一方面，对于我们的养老金来说，这听起来是一个可怕的消息，因为我们不能信任标准的金融模式。

探索华尔街的复杂系统

金融界用来计算市场运行的多数标准模型并不准确。它假设价格波动取决于抛硬币的结果，或者说，取决于醉汉漫步。然而，市场的实际走势要微妙得多。特别是，市场产生的 a 值（或者说第 3 章中讨论的分形维数 D）不等于随机游走值。（随机游走值是 a=0.5，因此 D=2，因为 D=1/a。）这种差异是有道理的：随机游走没有反馈，它产生于简单事物，比如一枚硬币或一个丧失记忆的酒鬼。而金融市场却很复杂，其中充斥着反馈。

在第 3 章中我们了解到，分形的值 a 不同于随机游走值 0.5。分形出现在巴赫的音乐和现代爵士乐中，出现在海岸线和山脉中（见图 3.3）。这种模式也可以出现在市场产出的价格系列中，原因是市场像所有典型的复杂系统一样，不断地在无序和有序之间来回移动。像所有复杂系统一样，金融市场能够偶尔自行介入有序行为（如崩盘），或完全没有模式的无序行为。这反过来又与金融市场的特征完全一致，即它由一群相互作用的交易者组成，这些交易者从过去价格走势的整体信息中获取参考信息。金融市场是复杂系统，能准确描述它的只有复杂系统理论。因此，标准金融理论可能会在一段时间内奏效，但最终会失效。比如，当市场因群体行为而出现巨大波动时，标准金融理论就会失效。这绝不是一个小瑕疵，因为正是在这些时刻，你的钱面临着最大的风险。

那么，我们都需要担心的主要金融市场实际表现如何呢？最近的研究表明，在大多数股票市场中，在 t 个时间步内的平均价格跟随 t^a 发生变化，a 值大于 0.5。换句话说，大多数股票市场的价格追随的是一种比随机游走更持久更积极的反馈。值得注意的是，世界各地的主要股票市场都有相似的 a 值（通常在 0.7 左右），尽管它们位于不同的大陆，规模、构成及每天的交易净值都截然不同，甚至它们关于何时可以交易，何时不能交易的管理规则也截然不同。例如，一些较小的市场在午餐时间收盘，而其他市场则没有这一规定。

但为什么不同地点、规模和有不同规则的股市表现得如此相似？换句话说，为什么股票市场的运行方式似乎遵循着一种普遍模式？让我们想想，它们唯一的共同点是处理股票，这就是关键。它们都是由决策对象（即交易者）的集合组成的，这些交易者不断汲取过去的价格变动信息，以便做出下一步决策。不管他们在上海、纽约还是伦敦，基本上都没有什么区别。相反，重要的是这些人根据过去的信息做出决策的方式。重要的不是决策本身，而是决策的方式。

回想一下第 4 章中竞争的行为主体模型。事实是，他们获得的是相同的信息，这导致了从众和反从众现象的出现——人们发现，无论共同信息来自哪里，总会出现相同的现象。所以它可以描述上海市场的交易者查看上海的历史价格，或者纽约市场的交易者查看纽约的历史价格。这并不重要，只要参与者基于反馈给他们的共同信息进行自由竞争。从众和反从众之间具体的相互作用将决定观察到的实际价格（即系统的输出）。特别是，价格波动的大小取决于对立群体相互抵消的程度，而作为系统反馈的结果，价格波动又会随时间的推移发生变化。

我们在世界各地的股票市场上看到相同的价格行为，这一事实也支持了我们之前的观点，即相比个体，不同群体的整体行为更为相似。因此，我们有理由相信，在描述人类系统的集体行为方面，复杂性科学是胜利者。

从酒吧到市场

我们在第 1 章和第 4 章中讨论了酒吧到场问题，它可以轻易被转化为金融市场运行模型，该模型再现了真实金融市场中的行为。特别是，作为反馈的结果，系统可以在有序和无序行为之间移动，这一事实允许它表现出与实际金融市场中观察到的 *a* 值相同的价格变动。《金融市场的复杂性》（*Financial Market Complexity*）一书讨论了整个主题。在此，我仅提及一点，即在建立现实的市场模型时需要解决的问题。

主要问题是信息的反馈。特别是，金融市场中的整体信息是什么？显然，交易者可以获得种类繁多的信息：例如，资产的历史价格、历史交易量、股息收益率、市值、媒体新闻、八卦、公司报告。对特定资产的投资决策来说，这些信息源中的任何一个都是有用的。然而，我们的兴趣并不是找出这些信息源中哪些是真正有用的，我们需要知道的是金融市场行为主体倾向于最大限度地利用哪些信息，因为我们是在对交易者的数量进行建模。如果我们花点儿时间思考，在股票等金融市场资产中看到最多的是什么，那么答案必然是它的价格。媒体上到处都是图表，显示最近价格的涨跌起伏。这类图表也占据了交易大厅中大多数交易者的屏幕。因此，合理的做法是，根据特定市场的历史价格，获取交易者行动所依据的整体信息来源。

接下来，我们必须用一种简单的方法来“编码”价格变动的历史。受前面讨论的二元决策游戏的启发，我们可以像在酒吧问题中一样，使用最简单的 0 和 1 来表示不同的情况。当卖家过多时，价格通常会下跌。同样，价格的上涨是由买家过多造成的。类似于酒吧问题，过度拥挤和客流不足分别表示为 0 和 1，我们可以将小于“舒适极限”L（即市场中卖家过多）的价格变动表示为 0，将大于 L（即市场中卖家过少）的价格变动表示为 1，以此来编码历史价格。在金融市场中，舒适极限 L 可以代表许多金融或经济变量，这些变量可以是市场的内生变量，也可以是市场的外生变量。一个内生变量的例子是根据平均市场指数选择 L。一个外生变量的例子是根据当天的消息对市场是好是坏来选择 L。舒适极限 L 也可以用来模拟因宏观经济效应而改变的外部环境，例如，如果利率很低，那么人们可能会把钱投入股市。相反，如果利率很高，人们可能更喜欢使用无风险的银行账户。换句话说，L 是股票或整个股市吸引力的某种度量，就像在酒吧到场问题中，表示酒吧的吸引力一样。

当然，你可以添加更多的细节。例如，金融市场行为主体如何在短期和长期中取胜？每个交易者或投资者的资金都有限，这一事实造成的影响是什么？还有，有些人每天交易，有些人每周交易，有些人每月交易，其影响又是什么？事实证明，当这些细节被添加到模型中时，它们往往会相互抵消。特别是，基本的酒吧模型产生了与真实市场价格相似的 a 值，无论额外添加了什么，这仍是刚性事实。

这让我想到了我构建金融市场模型的哲学，以及构建现实世界复杂系统模型的哲学，它可以概括为折一架纸飞机。我们都知道，将一张纸折叠成纸飞机，它就可以飞起来。它拥有了飞行的基本要素，即升力抵消并超过了重力产生的下拉力。简言之，纸飞机的飞行原理和大型商用飞机是一样的。纸飞机是一个很好的模型，因为它很小，却抓住了飞行的关键要素。然而，有些人不同意这个说法，毕竟，纸飞机没有飞行常旅客系统或餐饮服务。要获得常旅客系统，需要增加乘客，而要获得餐饮服务，需要增加空乘人员。但是人很重，他们需要坐下来，他们还有行李。因此，我们最终不得不增加座位、厨房、大型喷气式发动机和大量燃料，帮助飞机离开地面。我们最终会得到一个逼真的模型，它实际上不亚于一架全尺寸的商用飞机。所以我们可能最终学会了如何建造一架精确的商用飞机复制品，但就飞行所需的条件而言，我们学到的知识还很有限。为此，我们应该坚持研究原来的纸飞机，探索不同的设计，从而学到更多关于飞行的复杂知识。我认为，一般而言，类似的观点也适用于金融市场和现实世界复杂系统模型的构建。

考虑到纸飞机的例子，为了忠实再现真实市场价格波动的数量特征，我们可以使用一个简单的模型，如上文讨论的酒吧到场问题的修改版本。这并不令人惊讶。毕竟，它捕捉到了复杂系统的几个关键成分，这个复杂系统由一组对象组成，这些对象通过共同的信息和反馈进行交互，并通过竞争获得有限的资源。

小心，市场要崩溃了

酒吧到场模式可以重现的一个重要的涌现现象就是金融危机。当发生金融危机时，市场会在很长一段时间内持续下行。用复杂性的语言来说，这是一个典型例子，说明局部有序是从相对无序中自发出现的，也证实了金融市场像其他复杂系统一样，可以被视为处于有序和无序之间。

事实证明，我们需要对酒吧到场问题做一个简单的修改，以产生现实的金融危机。我们需要添加一个特性，即决策对象（交易者）在近期预测足够成功时才会进行交易。这很有道理——真正的交易者和投资者并不总在交易。他们会不断观察市场，在内心检查自己的预测结果，直到对自己的预测信心十足，他们才会进行市场交易。这一特性的加入不仅使市场交易者在那个时刻形成从众和反从众的派别（如第 4 章所述），也导致交易者成群地进入和退出市场。因此，任何时候都可能有大量交易者涌入或涌出市场。他们一旦进入市场，往往就会加入从众或反从众的派别。当交易者以这种方式涌入市场时，交易量会大幅增加，因此我们说市场的流动性更强了。相反，当交易者退出市场时（在我们的模型中，这是他们对自己的策略缺乏信心时），交易往往会减少，因此我们说，市场变得缺乏流动性。值得注意的是，与有关市场的普遍看法相反，我们的酒吧模型显示，金融危机有几种不同的类型。换句话说，所有的金融危机都不一样。就像有金融危机分类系统一样，它们属于不同种类。

从更普遍的角度来看，真实金融市场的崩盘告诉我们关于市场内部力量的有趣信息，特别是，从众和反从众产生的对立力量。这两种力量通常是相当均衡的，引发了看起来非常随机的价格波动。然而，金融危机是这些力量变得不平衡，并在一个方向上引发了一次大的有序运动的好例子。这种巨大的变化通常被称为极端事件。在复杂系统中，大变动的例子还有很多：进化中被打破的平衡，体内生理和免疫水平的意外变化，互联网或车辆交通的突然拥堵，等等。这种自我产生大变化的能力是复杂系统的决定性特征，因为它允许发展中伴随着创新。

有趣的是，有序从无序中产生，并造成金融危机的事实意味着，有了合适的视角，我们可以观察复杂系统的内部，通过觉察新出现的局部有序看到巨变。这正是戴维·史密斯的数学理论所提出的论点，我们在第 4 章结尾讨论过。秩序在巨变之前就开始出现，这意味着我们可以发现一些非常具体的东西，并做出具体的预测。这种效应如图 6.1 所示。我们在第 4 章中谈到，当局部有序出现时，预测市场未来走势的通道变得更窄，开始显示出明确的方向。其结果是，在发生重大变化之前，市场似乎比以往任何时候都更容易预测。大变化是风险的主要来源，投资者往往想了解它。戴维·史密斯的研究似乎会成为一个非常重要的工具——不仅适用于市场，而且适用于第 4 章结尾描述的其他应用领域。

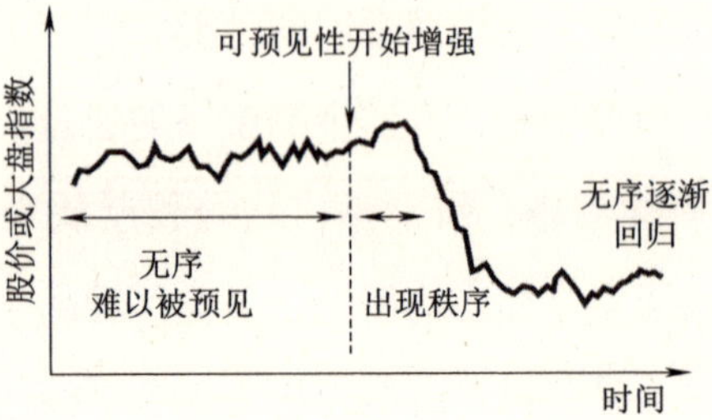

图 6.1　让糟糕的日子过去吧。市场内部深层秩序的出现意味着，可预见性在金融危机前的一段时间内增强。

预测未来

让我们仔细地研究一下整个预测问题，重点关注金融市场。我们在前文中已经说过，我们可以建造通道来帮助预测复杂系统的未来发展。如果通道很宽，没有明确的上升或下跌趋势，那么这显然不是预测未来价格走势的好时机。另一方面，这可能是在市场波动中进行交易的好时机，比如，买卖被称为期权的金融衍生品。或者，我们可以直接走进当地的彩票经销店，在市场上进行对赌。相比之下，如果通道很窄，似乎有明确的上升或下跌趋势，那么这显然是预测未来走势的好时机。

但是，这两种情况会出现哪一种，是由什么决定的呢？金融市场的运行方式有时是无序的，有时是有序的。平均而言，这将

产生参数 *a* 的值，它介于无序值 0.5 和有序值 1 之间。然而，无论何时，反馈给交易者的信息往往要么强化当前的价格趋势，要么与之相反。前一种情况增强了持续性，通道会逐渐变窄，并显示出明确的方向。相比之下，在后一种情况下，反馈会与当前的价格趋势相反。因此，市场将进入一个不确定和无序的时刻，在这种情况下，通道往往会变宽，没有明确的方向。

纳奇·古普塔在戴维·史密斯的研究基础上，利用真实的市场数据证实了这类通道建设，从而证明预测确实是可能的。这一发现表明，金融市场既不是持续可预测的，也不是不可预测的，而是展现出可预测（即非随机）阶段和不可预测（即随机）阶段。其基本思想如图 6.2 所示。简言之，市场展现出了与局部有序相关的局部可预测性，任何复杂系统都是如此。

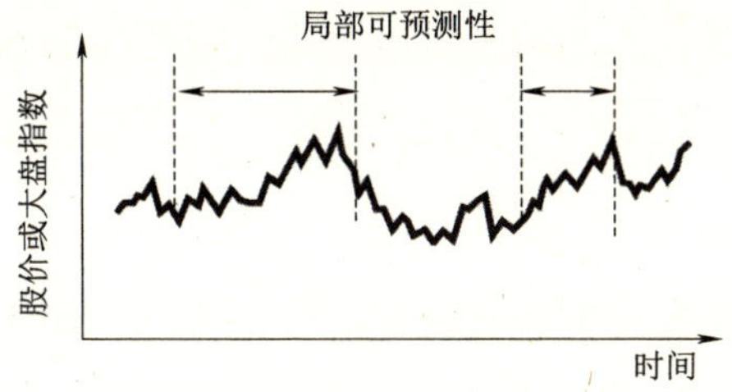

图 6.2　局部可预测性。复杂系统自行在有序和无序之间来回变动，创造出局部有序，从而产生局部可预测性。运用纳奇·古普塔和戴维·史密斯的数学理论确定的正是这些局部可预测性。

为了产生通道，从而确定局部可预测性，研究团队选择了一个人工市场模型，其价格走势与真实市场最近的走势非常相似，用专业术语来说，他们根据真实的金融数据，有效地训练人工市场模型，以建立真实市场中交易者群体的大致图景。然后，他们让这种人工市场模型继续运行，由此产生的结果提供了通道的变化情况。

新闻、谣言和恐怖主义

金融市场等复杂系统会自行在有序和无序之间来回变动，就像一台自我延续的机器。它们通常也对环境开放。金融市场是一个完美的例子，它不断受到外部新闻和事件的冲击或“反冲”，比如公司破产、收益报告、失业数据，以及世界产油区战争的爆发和进展。最近的研究表明，大多数日常新闻对市场波动的影响相对较小，但重大新闻的影响如何呢？

奥默·苏莱曼、马克·麦克唐纳和丹·芬与汇丰银行的史黛西·威廉姆斯合作，利用来自路透社的信息，将不同类型的新闻对金融市场走势的影响进行了量化和分类。他们的最终目标是理解哪种类型的新闻会以何种方式影响市场。特别是，他们想根据不同类型的影响对新闻进行分类。基于对市场可能产生的连锁反应的了解，他们根据新闻机构报道的不同事件，为不同地区或行业建立通用的冲击响应和脆弱性指标。他们的研究得出了有趣的结果，主要的新闻类别如下：

新闻（1）事实完全出乎意料；（2）发生时间出乎意料；（3）与市场没有直接关系；（4）以前从未发生过；（5）是真实的。研究小组以发生在美国的“9·11”恐怖袭击事件为例，分析了世界外汇市场对当天发生的一系列事件的实时反应。

新闻（1）事实在某种程度上在意料之中；（2）发生的确切时间出乎意料；（3）与市场没有直接关系；（4）以前从未发生过；（5）是真实的。研究小组将伦敦的“7·7”恐怖袭击事件作为这类新闻的例子，同样监测了当天全球货币市场的反应。英国是美国的亲密盟友，入侵伊拉克后受到了恐怖主义的威胁，这一事实意味着在某个阶段，袭击是可预见的。

新闻（1）事实在某种程度上在意料之中；（2）发生的确切时间出乎意料；（3）与市场直接相关；（4）以前从未发生过；（5）不真实。2005 年 5 月 11 日星期三上午，全球市场突然开始流传人民币即将升值的传言。当天晚些时候，中国政府正式否认了这一传言。研究小组将其作为这类新闻的例子。尽管这种升值预期已经有一段时间了，但市场事先完全不知道官方声明的时间——因此，交易者最初认为这类传言可信度很高。

新闻（1）事实在意料之中；（2）发生的时间出乎意料；（3）与市场直接相关；（4）以前发生过；（5）是真实的。研究小组将 2005 年晚些时候发生的人民币真实升值作为这类新闻的例子。

对于这些特殊类型的新闻，研究人员利用第 5 章提到的网络研究量化了货币市场的反应。就像汽车机械师按压汽车边缘来测试减震器的反应一样，该团队观察了这些特定的新闻事件，以观察市场的反应。他们的结果表明，面对来自外部的某类新闻事件或“冲击”，市场的反应往往非常相似。以恐怖袭击为例，他们发现，相比之前美国遭受的袭击，全球对伦敦遭到袭击的反应要平和得多，但很相似。对于传言和人民币实际升值的案例，他们也发现存在共同的反应模式。

我们再次用汽车做类比。如果以相同的方式按压某辆车，它就会有相应的反应。对一辆车来说，这并不奇怪，因为除了按压，没有其他情况发生。但对市场来说，这就令人惊奇了。我们可以将金融市场看作一个真实的实体——一个处于虚拟的信息世界中的复杂系统。让它产生反应的是信息，而非真实的按压动作，但反应是真实的、可测量的。

第 7 章
解决交通网络和职场升迁问题

再次探讨交通问题

交通问题真的很折磨人，塞车时尤为痛苦。但其实在我们离家之前，问题就已经存在了。那些开车上班或上学的人，每天都要面对“走哪条路”的困境。他们想利用自己过去的经验和公开的交通信息来获得竞争优势。“走哪条路”的问题是人类复杂性的好例子：一组决策对象不断争夺有限的资源，他们掌握着过去和现在的信息。为找到从 A 到 B 最通畅的路线，司机们不断竞争，使其行程时间尽可能最短。

我们假设在某个完美时刻，路上没有其他车辆。想尽快从 A 处到达 B 处，要做的就是找出可用路线中距离最短的那条。假定在每条可用路线上以相同的速度行驶，距离最短的路线也是耗时最少的。这一点简单明了。

增加其他车辆，即增加其他司机时，困难就出现了。路上的车越多，速度就越慢。大家即使都限速行驶，也可能频频出错。

司机在打喷嚏、换电台，或者看路边的风景时，往往会放慢速度——这会引发一系列事件，最终导致众所周知、令人厌恶的交通堵塞。更糟糕的是，还可能会发生交通事故或出现其他问题，使一切陷入令人难以忍受的停滞。

交通系统中出现的复杂模式是由车辆之间的相互作用产生的，而这些相互作用来自司机的决策和行动。司机往往根据收到的信息反馈做出决定，这些信息要么来自对类似经历的记忆，要么来自周围正在发生的事。作为这种反馈的结果，交通拥堵等涌现现象经常横空出现，没有任何明显的原因，就像许多金融市场崩溃也没有明显的原因一样。这是因为，与所有复杂系统一样，交通系统随着时间的推移，在有序和无序行为之间不断转换。

大家都知道，交通堵塞令人痛苦。但假设你已决定走某条路，就决策而言，你在避免拥堵方面能做的事情并不多。相反，真正重要的决策过程发生在选择之前：最初的“走哪条路”问题尤为重要。这是我们常为之困扰的问题，我们的研究就从它开始。

交通困境 1：选择是否走某条路

所有的路都可以被视为有一定的“舒适极限”L。同样，有可能人满为患的酒吧或金融市场也有其舒适极限。该问题我们在第 4 章和第 6 章中讨论过。如果汽车的数量超过舒适极限，道路就会变得拥挤。是否走这条路？通常，很多人会做出相同的决定，我们不知道正确的决定是哪个，直到为时已晚。换句话说，我们必须做出决定，事后再根据做出同样决定的人数来评估自己的决定是否正确。显然，这与有可能人满为患的酒吧或金融市场面临的困境相同。到目前为止，我们所讲的关于此类问题的所有内容，例如从众和反从众的出现，将延续到上路问题上。在第 4 章和第 6 章中，选择 1 和 0 代表选择是否去某家酒吧，或者选择是否买入某只股票。在这里，它代表选择是否走某条路。

交通困境 2：在两条路之间选择

比如，在工作和家庭住址之间有两条路（路线 1 和路线 0），困境出现了。每晚我们都要在它们之间做出决定。假设这两条路线名义上相同。换句话说，在没有其他车辆的情况下，两条路的行驶时间相同。显然，我们都想选择相对通畅的路，即车辆较少的路。所以，如果有 N=101 个人想回家，也就是说他们参与同一个游戏，那么我们如果恰好选择了有 50 辆或更少车辆的路，就会觉得自己赢了。这意味着有 51 辆车走了另一条路，我们选择的是一条不太拥挤的路。换句话说，我们可能经历的最糟糕的情况是，我们的路上有包括自己在内的 50 辆车，而另一条路上有 51 辆车。但我们仍然是赢家。当然，更好的情况是我们的路上只有 10 辆车，而另一条路上有 91 辆车。这当然很好。但只要我们这条路上有包括自己在内的 50 辆或更少的车，另一条路上就必然有 51 辆或更多的车。因此我们会赢。将每条路线的舒适极限 L 设置为刚好低于总上路车辆数量的一半，交通困境 1 和 2 可以等效。“刚好低于”这一点很重要，因为我们希望两条路是一样的，但又想消除两条路都不够拥挤的可能性。在一共有 101 辆车的例子中，假设我们将每条路线的舒适极限设为 51，那么在 50 人选择一条路，51 人选择另一条路的情况下，这两条路都不会过于拥挤。因此每个人都是赢家，这就无法得到非常复杂的整体行为。因此，我们应该选择 50 作为舒适极限。

第二个交通困境又是一个两难选择。在第一个交通困境中，选择是否走某条路；在第 4 章的酒吧问题中，选择去酒吧（选项 1）还是不去酒吧（选项 0，回家）；在金融市场中，有很多类似的二选一情境：进入某个市场（选项 1）或不进入某个市场（选项 0），购买某只股票（选项 1）或不购买某只股票（选项 0）——或者假设你已决定操作某只股票，选择买入（选项 1）或卖出（选项 0）。深入研究，你会发现，每个人的日常活动都可以被串成这种二元决策链，形成一棵悬挂着潜在结果的“树”。

假设你是金融市场的交易员，决定开车上班。在起床后的一段时间里，你已经做出了一系列与交通困境有关的决定，但你现在面临更多的问题：

是否应该进入 A 市场？假设你的决定是“进入”（选项 1）。

现在，假设你决定进入 A 市场，并沿着你的日常决策树的某个分支前进，你是否应该操作该市场中的某只股票 B？我们假设你决定“操作”（选项 1）。

现在，假设你已决定进入 A 市场，操作股票 B，你应买入还是卖出这只股票？假设你决定“买入”（选项 1）。

现在，假设你已决定进入 A 市场，操作股票 B，购买这只股票，你应大量买入还是少量买入？我们假设你决定“大量买入”

（选项 1）。

现在，假设你已决定进入 A 市场，操作股票 B，大量买入这只股票，那么你是否应在回家前撤销该交易？我们假设你决定“是”（选项 1）。

这样的情况会持续一整天，直到你最终逃离工作回家，却在回家的路上再次面临类似的交通决策。正如你所看到的，人们在其日常困境中挣扎，这些连续的决定可能会混合在一起。虽然一天中面临的困境次数取决于个人情况，但关键的一点是，每个困境都是二元决策问题的翻版（选择选项 1 还是选项 0），因此，每个阶段都可能出现同类涌现现象。

交通困境 3：选择穿过中心还是从外围绕行

许多城镇的道路布局都近似于中心辐射状。因此，人们常常面临两难困境：是冒着拥堵的风险，选择穿过市中心的路线，还是冒着绕道的风险，选择城外的路线。这一困境似乎与上述两种情况相同，它有两种可能性——去可能拥挤的地方（穿过市中心），或不去拥挤的地方（绕道而行）。只有当所有人都下定决心后，正确的决定才会显而易见。然而，它实际上比前两个交通困境更微妙一些。走市中心这一选项的有效舒适极限 L 通常取决于外部和中心之间有多少连接，以及所有可能的支路交通导致的中心拥堵程度，还取决于是否会收费，比如伦敦的拥堵费，这将增加时间和金钱的总成本。

回想第 5 章中关于网络的讨论，我们还可以看到中心辐射型道路网络与之前说过的现实环境中出现的许多中心网络之间的相似之处。例如，社会和通信网络。出于这些原因，本章的剩余部分将尝试理解中心辐射带来的复杂性。我们将通过两种方式来实现这一点。首先，假设网络上对象流的行为相对简单，特别是假设他们没有做出具体的决策，因此整个问题将归结于评估中心拥堵的影响。本章的最后部分，我们会把第 4 章中酒吧问题的决策与中心辐射型结合起来，看看在你附近的市中心会发生什么。其次，该问题还将引入一个完全不同的应用领域——我们面对的社会和事业阶梯，以及相关的两难困境：是安于现状，还是更上一层楼。

时间就是金钱

上一节已经暗示过，穿越中心辐射型网络中心，其成本可能有几种形式。首先是时间成本。中心的拥堵程度是由任意时间点通过中心的车辆数量决定的。这反过来又取决于连接外部和中心的道路（即辐射型支路）的数量，以及决定走每条路的司机数量。我们可以想象，绕行环城公路的司机到达每条支路的交叉路口时，会面临类似于酒吧到场问题的交通困境。出于这个原因，我们将首先关注支路数量的影响。然后返回来考虑司机的决定所造成的额外的复杂性。其次是金钱成本。

不走运的话，穿过中心可能既费时又费钱。外围绕行可能不花钱，但距离更长。中心不是很拥挤的话，绕行的时间可能会更长。因此，走中心还是绕道取决于我们如何平衡时间和金钱的重要性。时间就是金钱——但二者之间的有效转换率不仅因人而异，对同一个人来说，还可能因时而异。有趣的是，像真菌这样的生物网络（见第5章）在决定如何将食物从有机体的一端运送到另一端时，也面临着两难困境。人造道路的设计显然是提前规划好的，但真菌（地球上最大的微生物）已经设法在集中和分散的供应线之间进化出一种平衡。在真菌栖息的森林地面上，营养物质（比如碳）需要从生物体的一端被运送到另一端。如果这些食物包（就像路上的汽车）同时通过真菌的一个中心点，可能会产生非常严重的拥堵。然而，即使没有红绿灯，真菌也能生存，甚至能茁壮成长。

它是如何做到的呢？目前还没有人能给出答案。但这也开启了一个有趣的研究领域。马克·弗里克、蒂姆·贾勒特和道格·阿什顿正在研究生物系统中相应的运输成本如何决定所观察到的网络结构类型。马克·弗里克团队的工作不仅进展顺利，还获得了人工供应网络智能设计的有益见解。或许，未来的道路规划者会从真菌那里获得新的设计思路。谁知道呢？

现实世界中还有许多复杂系统的例子，包括人造的和自然发生的，在这些复杂系统中，“材料”包（例如货物、信息、文件、金钱、数据包）需要通过网络结构进行传输，因此出现了选择集中还是分散路线的两难选择。就像环城公路问题一样，两点之间最短的路线可能不是最快的，因此也不是最好的。如果在极其繁忙的中心遭遇长时间等待，那么为了从A点到达B点而“绕道”

发送数据包可能会更快。具体例子包括：

传输系统：除了路上的汽车和通信网络中的数据包，航空旅行者和航空公司的调度人员还必须决定是在大型国际机场还是在地区性机场作中途停留。

商品供应链：超市必须决定使用可能拥挤的大型中央仓库，还是许多较小的区域性仓库。

人类组织中的信息：犯罪和恐怖主义网络成员可能必须决定由核心人员经手的信息量，或是否将所有信息分散到犯罪组织的基层单元。核心人员信息过载，可能是低效或充满风险的选择（比如在《教父》的场景中）。

管理和决策：跨国公司和政府机构必须决定，所有文件都通过中央总部盖章，还是让它们在各地办事处之间流转。

人类生物学和健康：癌症肿瘤的生长有赖于一个叫作血管生成的过程，它产生营养物质（即氧气）的供应途径（即血管，就像道路一样），从而使肿瘤不断生长。肿瘤在多大程度上平衡了集中与分散的血管网络，这是一个悬而未决的问题。对于理解如何限制营养供应，从而降低肿瘤的生长速度而言，这一信息至关重要。另一个与健康有关的集中－分散竞争的例子是动静脉畸形（AVMs），一种在很多人大脑中生长的异常血管群，如果病人运气不好，那么这些异常血管可能会像新的城市中心一样，血液会通过它流动，而不是走正常路线，即通过大脑精心选择的非常小的毛细血管。因此，动静脉畸形有效地使血流发生转向，让所有血流流经它们，而不是流经分散的毛细血管网络，结果造成大脑的大部分区域营养不良。约翰·拉德克利夫医院的保罗·萨默斯和扬尼斯·威尔基科斯研究小组最近的工作，使人们对动静脉畸形何时开始在分散（即健康）血流和集中（即不健康）血流之间转换有了更好的理解。

有创意的拥堵费

任何人在设计网络时（比如，城市周围的道路布局），都会面临以下问题。考虑到每英里的公路成本，需建设多少穿越网络中心的最短路径（有可能因此导致中心拥挤）？是否要增建围绕中心的支路（其缺点是可能造成不必要的延时，或路线闲置）？蒂姆·贾勒特和道格·阿什顿利用一种特别简洁的数学理论，详细研究了这一问题，计算了中心辐射网络外环上任意两点之间的最短交通时间。他们的模型正确解释了以下两个问题之间的矛盾，这两个问题涉及应该修建的公路数量。

一方面，有人可能会说，增加更多的支路会提供更多通过中心的最短路线，从而缩短平均交通时间。因此，关于支路修建的最优数量问题，答案很简单，就是经济能力范围内的最大数量。这意味着应尽可能多地修建通往中心的支路。但另一方面，允许通过中心的车辆越多，中心就会越拥挤。因此，从网络一端到另一端耗时就越长。这意味着应尽可能少地修建通往中心的支路。

蒂姆和道格已经从数学上证明了这两个问题之间的竞争会导致发展过程中出现最优数量的支路，这与经济能力无关。换句话说，通过修建合适的支路，我们可以最小化平均交通时间。图 7.1 总结了这一点。

除了帮助理解交通网络中集中和分散流动之间的相互作用，蒂姆和道格的研究还是一种有趣而新颖的方法。它通过关注网络中的实际情况来理解生物系统的运作方式，而不是仅仅分析网络结构本身的形状。换句话说，他们的研究表明，我们应该从连接的成本和收益的角度，而不是从物理结构的角度，重新审视生物系统。回到更常见但同样重要的道路交通案例。如何根据现有的道路结构对公路进行收费？他们的工作让我们对这一问题有了深刻的了解。其研究还告诉我们，应该如何设计道路布局，以达成特定的交通时间目标。例如，在现有的中心辐射型交通网络中，假设有 100 条双行道通过市中心，但事实证明，最优方案是修建 50 条双行道。现在，将这 100 条双行道全部变为单行道（比如，50 条驶入的路和 50 条驶出的路），就能实现最优方案。

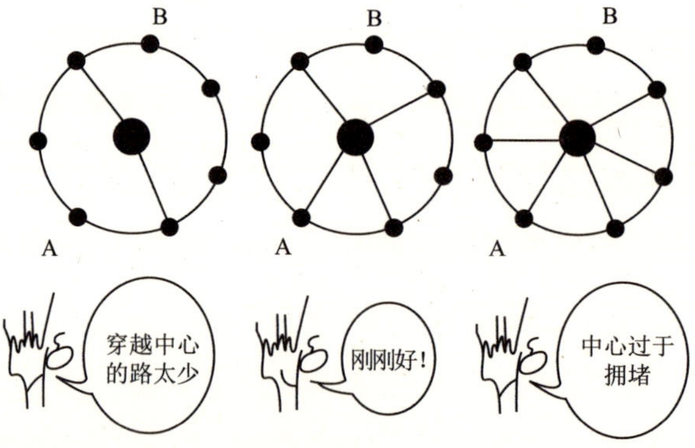

图 7.1 带我去中心？通过中心点的路线既不太少也不太多，可以获得最短的平均交通时间。

他们的工作最重要的实际应用，可能是确定应该征收何种拥堵费，更重要的是，如何征收。让我解释一下。伦敦目前的收费是固定的，无论你开车经过市中心时，道路的实际拥挤程度如何。但为什么应该是固定费用呢？为什么费用不该取决于与你同时经过市中心的人数？这是蒂姆和道格工作的一个重要结论：他们发现，根据开车穿过中心的人数来确定交通拥堵费，可以优化交通，使其更契合通过中心的支路的实际数量，或者更契合在任何给定时间实际通行的道路数量。因此，这更像是一种市场哲学。只不过在交通问题上，并非买家变多促使价格提升，而是通过中心的司机变多促使拥堵费增加。

不同的形状，相同的功能

对大多数通勤者来说，中心辐射型网络当然很有吸引力——除非你住在休斯敦这样的城市，它的外围有两条环路。换句话说，休斯敦有一个外环、一个中环和一个中心。事实上，日常生活中还有很多类似多环枢纽结构的例子：从生物系统到公司结构、管理系统和沟通系统。例如，典型等级制公司中的沟通路径（如图 7.2 所示）。它包含许多管理层，特定层级的人之间有联系，不同层级之间也有联系。许多读者可能就在这种结构中工作，于是问题出现了：我如果想把信息传递给另一层级的人，为了让尽可能少的人参与，应该选择怎样的路径？更笼统地说，如果我们正在设计公司梯队，想在最重要的层级之间实现最快的信息交换，那么我们该如何设计？它不仅对公司至关重要，对政府和军队也很重要，决策需要尽快在不同的指挥层之间传递——否则，每次额外接触都意味着额外的安全风险。

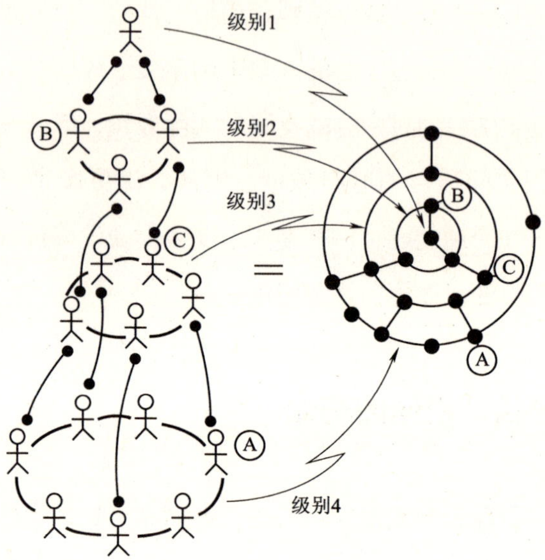

图 7.2 “指环王”。一种可能的公司、行政、军事或商业指挥结构。如果一条消息需要在 A 和 B 之间快速传递，且任何层级都不拥挤，那么最短的路径是通过 C。但如果级别 3 过于拥挤怎么办？蒂姆 · 贾勒特和道格 · 阿什顿的数学理论为这些问题提供了答案。

因此，如果人们能将蒂姆 · 贾勒特和道格 · 阿什顿的数学理论扩展到更复杂的情况，即并非一个，而是许多相互关联的环，那将是了不起的突破。值得一提的是，蒂姆和道格最近找到了一种方法，可以处理任意数量的环。窍门如图 7.3 所示。将一个网络嵌入另一个网络，网络的中心就会成为新的更大的多环网络的“超级中心”或所谓的重整化中心（renormalized hub）。这个重整化中心的内在结构比以前的更复杂，因此在数学理论中，需要改变的只是重新界定穿越中心的成本。重整化中心可以与其他环结合，形成另一个重整化中心，其内在结构更复杂，因此一般成本也更高。他们不断重复该过程，将多个环－中心网络变成一个环－中心网络。所以，休斯敦——你没问题。

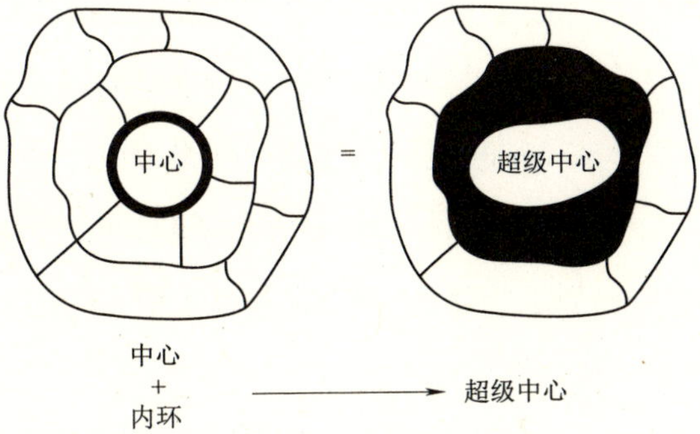

图 7.3　这是个迷宫。通过重新定义通过中心枢纽的成本，我们可以将两个环的问题转化为一个环的问题。重复这一过程，可以将一个任意数量的环结构简化为一个环问题，然后使用蒂姆·贾勒特和道格·阿什顿开发的数学方法来解决它。

再思考一下交通拥堵收费方案，你可以想象有几个不同的中心区域，就像环中环一样。想象一下，伦敦没有独一无二的 8 英镑中心区域，而是有两个区域：一个收费 10 英镑，一个收费 2 英镑。更好的情况是，我们可以实时调整费用，将其公布在路边的电子公告板上，以便随着时间的推移控制这两个区域的相对交通流量。

蒂姆和道格的研究对理解生物系统有着更深刻的意义。他们与马克·弗里克的真菌研究团队合作，证明了其理论可以解释在本质相同的环境条件下，自然界出现诸多不同网络结构的原因。

所以，让我们进一步探索他们的发现，了解其之所以重要的原因。我们之前提到过，人们非常关注在自然、生物和社会科学中观察到的复杂网络结构，尤其是物理界，希望这种网络能显示出普遍特性。另一方面，生物界非常清楚，结构形式的多样性可以在非常相似的环境下产生。在医学领域，在特定器官中发现的癌症肿瘤可能具有截然不同的血管网络。在植物生物学领域，不同物种的植物根或地上茎的分枝网络可以在非常相似的环境中共存，但结构却有着显著差异。真菌提供了一个特别好的例子——不同种类的真菌可以形成不同程度横向连接的网络，但许多真菌处于完全相同的环境中。既然这种生物系统可以随时间的推移调整其结构，优化其功能特性，我们为何要在基本上相同的环境下观察种类繁多的生物结构呢？

为了回答这个问题，我们首先要了解生物的饮食习惯，比如真菌。真菌等生物体的主要功能特性是，在其网络结构周围有效地分配营养以维持生存。假设真菌在它周围的某个地方发现了食物。为了养活自己，它需要将食物碳、氮和磷运送到生物体的其他部分。在没有运输拥堵的情况下，平均最短路径是穿过中心；但由于运送食物的管道容量有限，中心区有可能出现食物堵塞。因此，为了确保营养物质在较短时间内通过组织，生物体必须以某种方式决定通往中心的路径数量。换句话说，真菌要选择通往中心枢纽的特定连接，这种选择要么是实时的，要么是进化的结果。但是为什么在基本相同的环境条件下，不同的真菌会选择不同的解决方案呢？哪一个是“正确的”？令人惊讶的是，蒂姆、道格和马克的研究表明，结构截然不同的真菌可以同时做出正确的选择。更准确地说，他们表明了截然不同的网络结构（如图 7.4 所示）可以拥有非常相似的与生长相关的功能特征值。换言之，图 7.4 中的结构在运输食物方面都是最优的。在每个结构中，将食物从有机体的一端运送到另一端所花费的时间是相同的。

他们工作的一个重要且深刻的含义是，科学家除了应在网络结构方面寻求普遍性，还应在网络功能方面寻求普遍性，这一信息呼应了第 5 章戴维·史密斯的真菌模型结果。在癌症应用中，我们可以基于对血管血液网络的分析，判断出两个看起来截然不同的肿瘤是相同的，因此是相同的恶性肿瘤，这在诊断方面是一项重要突破。

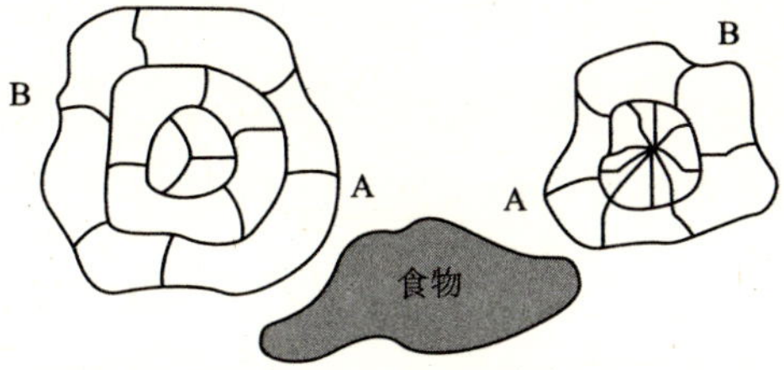

图 7.4 我们可能看起来不同，但我们的行为相同。繁忙中枢的拥堵导致上面两个不同结构的网络具有相同的功能属性。在两种结构中，食物从 A 到 B 的时间是相同的。此外，它们的运输时间都是最短的，因此两种结构都是最优的。

我该满足职场现状吗？

当我们把中心辐射型道路网络和本书前面讨论的决策模型放在一起时，会发生什么呢？关于公司结构的设置（如图 7.2

所示），我们可能会问：为了让信息从 A 传送到 B，我们是否应该进入大型组织的更高层？更概括地说，我们应该晋升到公司更高的职位，还是安于现状？最大的问题是过度拥挤。如果每个人都想进入组织的更高层，或者进入中心枢纽，或交通网络中心，那么它会变得越来越拥挤。就信息而言，最好尽可能在自己的级别内传递。然而，如果我们的级别中人很多，那么它的传播速度可能非常慢。所以，这是另一个“选择选项 1 还是选项 0”的问题，换句话说，这就是本章开始列出的第 3 个交通困境。

肖恩·古利详细研究了这种辐射型网络的决策问题。他将中心枢纽的使用成本设为可变成本，该成本取决于使用枢纽的行为主体数量和枢纽的容量。就像第 4 章的酒吧一样，中心枢纽有一个舒适极限 L。如果超过此极限，那么枢纽将变得拥挤，因此我们就要对随后通过枢纽的车辆征收拥堵费。每个行为主体必须不断决定是通过中心枢纽还是绕道而行，就像第 4 章中决定是否去可能拥挤的酒吧一样。肖恩发现由此产生的交通模式，其行为非常丰富。这种丰富性来自某种稳定状态的创造和转换之间的相互作用，这些状态随着网络条件的变化而产生。他的结果表明，网络拥堵是一个动态过程，它不仅取决于网络的自身结构，也取决于行为主体的决策。图 7.5 总结了他的结果，表明有一个连接道路的最佳数量（可用于确定最合适的拥堵费），在这种结构下，每个司机都可以以最少的时间和金钱从网络的一端移动到另一端。该结果与蒂姆和道格的发现是一致的。除了生物系统，肖恩的研究结果也适用于之前讨论过的许多现实世界的情况——

社交/商业网络的交流、互联网上的数据流、空运以及其他情境，在这些情境中，彼此竞争、做出决策的行为主体要穿越可能拥堵的网络。

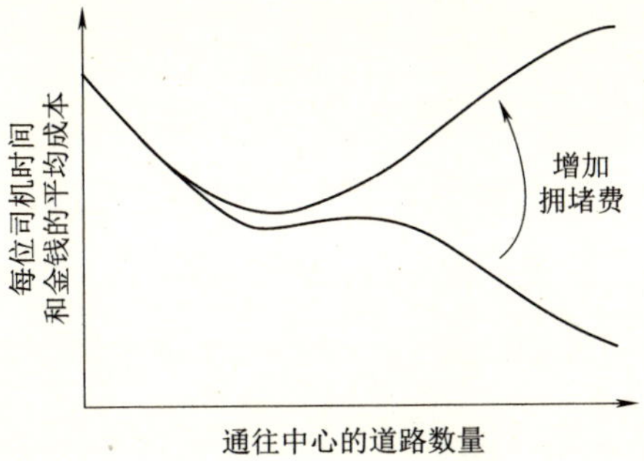

图 7.5 条条大路都应该通罗马吗？肖恩·古利的研究结果表明，额外的支路会增加每位司机时间和金钱的平均成本。

让我们花点儿时间来总结一下交通研究的进展，以及交通研究与复杂性科学的关系。交通是在重要的拓扑网络（如道路）上相互作用的多粒子系统（如汽车）的有趣示例。许多交通研究都认为汽车遵循类似自动机器人的规则。对于已经在特定道路上的交通而言，这可能是一个很好的近似处理。然而，它并没有解决更基本的问题，即为什么这些汽车（或者更确切地说，司机）首选了那条路。为此，我们需要复杂性科学的多主体决策模型，该模型我们在前面讨论过，在第 1 章和第 4 章中也强调过。事实上，现在我们已经可以在车内获取实时的交通信息，相关的技术在未来也会更加普及，了解司机的个人决策如何反馈到新出现的交通模式中（反之亦然），对所有人都具有非常重要的实际意义。

第 8 章
寻找理想伴侣

完美伴侣

你很少听到有人宣称“我找到一个完美的人”。为什么？因为寻找理想伴侣的任务是复杂的。事实上，它如此复杂，以至很多人似乎从未实现或者自认为实现了，但后来发现那是一个错误。

很多人可能已经清楚，寻找真命天子 / 天女如此复杂的原因有几个。第一，要找到真正完美的人，这个人必须真实存在。即使我们假设完美的人原则上存在于人类进化的某个阶段，也无法确保能避免“君生我未生，我生君已老”或“我生君未生，君生我已老”的错位。因此，可能发生的情况是，你即使能搜遍全世界，也无法找到完美的伴侣。更糟糕的是，我们在很久之前认为不完美的伴侣，可能在后来看起来很完美，但机会已经溜走了。第二，你必须和这个完美的人建立联系。理想伴侣可能就住在离你5个街区的地方，但你们从未相遇。这事特别不幸，却有可能发生。寻找伴侣，可以在不同的街区、城镇、国家甚至大陆。第三，即使你找到自己的完美伴侣，你可能也不是对方的完美伴侣。不少文学、喜剧和真实生活都围绕这种挫败的浪漫而展开。的确，这种挫败感让人想起我们在第2章中看到的3份文件的受阻情况：A爱B，B爱C，C爱D，而D又爱A。这种现象令人心痛，但真实存在，而且非常复杂。

这是我们寻找理想伴侣过程中的三个主要障碍，还有第四个障碍，也是最复杂的一个：你不是唯一寻寻觅觅的人。这听起来再明显不过了。你和他人同时寻找真命天子/天女，这一事实意味着又一次面临为某一目的与他人竞争的状况。我们每个人都是一组决策对象的一部分，大家都在竞争有限的资源，在此情况下，有限的资源就是完美的伴侣。出于这个原因，寻找约会对象就像酒吧到场问题、通勤或在金融市场中选择股票一样，是很好的复杂示例。它们都是复杂系统，因此我们想用一章的篇幅来研究这个特殊问题——寻找伴侣。

生活中，我们耗费大量的时间和精力来建立和维持各种关系，包括约会和交友。的确，建立人际关系是人类的一项基本活动。商业和政治关系也是我们社会的基础。例如，作为消费者，我们与特定的燃气、电力和电话公司保持客户关系；我们的雇主通常与其他公司建立商业伙伴关系；我们的国家参与不断变化的政治、战略和商业联盟（如欧盟和北约）。正如人们所说，即使是“鸟儿和蜜蜂也会这样做”。事实上，自然界充斥着各类结盟和组团。简言之，我们在地球上并不孤单，这一事实使关系的动力系统成为我们社会生活背后的驱动力。

但为何世间万物都这么做，而我们有时却不擅长呢？此外，人们对约会对象的要求越来越复杂，或者说越来越苛刻，是否意味着整个社会将趋于一种大多数人都单身的状态？我们经常被告知，社会正在瓦解，因为我们变得太挑剔，很容易断绝现有的关系，但这是真的吗？类似的问题也可能涉及我们对某个产品、品牌、公司或忠诚奖励计划的商业忠诚度，比如航空公司的常旅客计划。

虚拟约会

对许多人来说，最关键的难题是，是否要坚持等待完美伴侣的出现，或者只是凑合着和眼前人在一起。理查德·伊卡伯和戴维·史密斯从复杂系统的角度着手解决关系问题。换句话说，当我们在社交网络寻找合适的伴侣时，他们正在利用数学和计算机模拟来观察我们的群体行为。他们的研究结果除了可以帮助我们理解人类的约会，还可以应用于动物交配、企业寻找客户、消费者在互联网上寻找满足其特定需求的网站，甚至是追踪病毒的抗体。用专业术语来说，该问题非常接近物理学家感兴趣的网络中粒子的反应扩散和极不平衡系统的复杂动力学。

那么，他们到底做了什么，他们能告诉我们什么？他们的方法是将计算机建模与数学分析相结合。结果证明，他们的数学分析与核物理中放射性反应现象有着显著的、出乎意料的联系。

他们的计算机模型涉及一个人工社会，在这个社会中，“单身软件人”之间可以建立关系，以此模拟人们寻找伴侣的场景。他们用空间网络来表示社交网络，行为主体在其中活动和交互。开始模拟时，男性和女性的人数大致相等。每个人都被分到了一份“个人偏好”清单，可以用清单来评估社交网络中遇到的潜在伴侣的适配性。例如，假设第 7 章的中心辐射型网络被当作社交网络，适于那些有一个主要聚会场所（例如，工作场所）、偶尔光顾其他场所（例如，电影院、健身房、超市）的人。然后，这些软件人带着自己的个人偏好清单，从一个网站到另一个网站。偏好清单表明了个人的喜恶——“喜欢爵士乐，不喜欢古典音乐，喜欢辛辣食物，不喜欢博物馆，喜欢跳舞”。偏好清单可以被视为个人表型（phenotype），这是从遗传学术语中借来的词。然而，与遗传学的情况相反，这些偏好并不是天生的。相反，它们可能会随时间的推移而改变，或者完全是因为个人环境（如收入、生活方式）而产生的。

每种表型的行为主体数量，每个社交网站的行为主体密度（例如，健身房），以及这些网站的连接性，是决定总体状况的关键因素。改变这些数字有可能极大地改变计算机模型的结果，从而改变对现实生活中发生的事情的预测。

让我们来看看他们的计算机模型是如何模拟约会的。假设在特定的时间、特定的社交地点，一些男性和女性相遇。他们对照个人偏好清单（即表型），查看对方与自己的匹配度。如果匹配度足够高，他们就会开始一段恋情。这对儿情侣在一起的时间取决于两个偏好清单的相似度。换句话说，如果他们的品位相似、志趣相投，因此表型相似，那么他们在一起的时间就会更长。该模型很容易被泛化——例如，如果让情侣随着时间的推移逐渐改变清单，情侣就有可能自然地“疏远”，研究人员可以探索这一行为的影响。

然后他们会追踪谁和谁坠入爱河，这段关系持续了多久，以及这些人在约会之前单身了多久。换句话说，他们能够测量关于恋爱的所有问题，那是我们私下里想了解，却不敢问的问题。

放射状关系

某段关系的持续时间是由两种偏好清单的契合度决定的。一段感情可能会破裂，人们可能会因此有多个连续的恋情，这意味着每个人的浪漫史都可以浓缩为一个简单的标签，比如“有过两段恋情，目前单身”。换句话说，任何人，无论男女，都可以被贴上以下标签：

0S　从未恋爱，目前单身

0R　目前正处于初恋中

1S　有过一段恋情，目前单身

1R　有过一段恋情，目前正处于新恋情中

2S　有过两段恋情，目前单身

以此类推，“NS”标签意味着此人有过 *N* 次恋情，目前是单身，而“NR”意味着此人有过 N 次恋情，目前处于（N+1）次新恋情中。简言之，任何人的浪漫史都可以简单地用一组标签来表示，0S → 0R → 1S → 1R → 2S 等，直到描述其当前状态为止。这不仅适用于虚拟约会模拟软件中的男男女女，也适用于我们每个人。以这种方式来思考自己颇为奇怪，但在现实生活中就是这样。所以，下次评估自己的爱情生活时，按照图 8.1 所示的结构查看你的标签，可能会让你清醒一些。

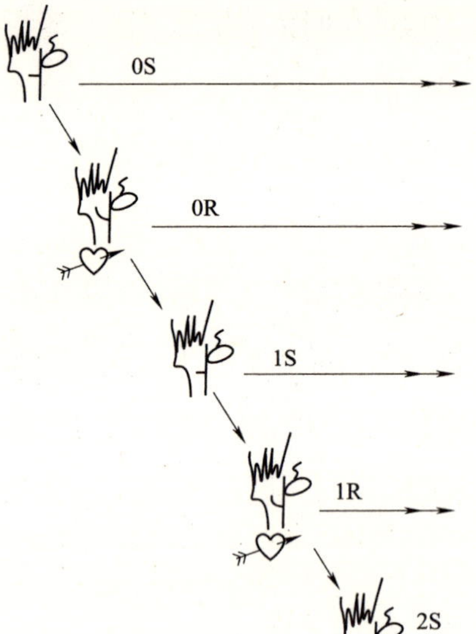

图 8.1　爱情阶梯。我们一开始都没有任何恋爱关系，都是单身。因此，我们从“0”开始。要么永远保持这种状态，要么开始一段关系，使我们的标签从 0S 换成 0R。如果这段关系破裂了，我们有了一段旧恋情，回到了单身状态。换句话说，我们现在的标签就是 1S。如果我们进入一段新恋情，标签就是 1R，以此类推。

有趣的是，这也正是物理学家标记原子的方式，这些原子正在经历放射性衰变的连续阶段。放射性原子最初没有通过衰变释放出更小的碎片。换句话说，它处于 0S 状态。然后原子开始衰变，用约会来类比，它进入了一种关系，因此处于 0R 状态。然后原子停止衰变，因此被描述为 1S，以此类推。通过这种方式，理查德·伊卡伯和戴维·史密斯就能够在他们的约会模型中使用核物理的语言和数学语言来描述发生在这些人身上的事情。

利用他们的模拟和核物理中的数学，理查德和戴维能够建立一幅直观的图像，展示出单身与非单身的比例如何随条件的变化而变化。为了了解最终的总体状态，他们还特别研究了长期范围内单身和非单身的比例，然后用这个比率来衡量多次约会的有效性。换句话说，他们可以看到大多数人是否终成眷属。他们发现了一个令人惊讶的事实，即在庞大的群体中，男性和女性的复杂程度（换言之，个人偏好清单中的实际偏好数量）对单身和非单身的比例几乎没有影响。假设形成一段关系的标准是，至少有一半的偏好是相同的。即使我们将清单中的条目数量增加一倍（换言之，复杂程度增加一倍），在庞大的群体中，可能的匹配比例也是相似的。

因此，理查德和戴维能够证明，在这个相对简单的设置中，即使我们的偏好清单越来越长，从而越来越复杂，也无关紧要。只要我们不随着偏好的增加而变得越来越挑剔，我们就仍可以找到恋爱对象。换句话说，如果有人与我们至少一半的偏好标准相匹配，我们就与其交往，那么从长远来看，延长或缩短每个人的清单对是否单身几乎没什么影响。所以，从这个意义上说，那些声称增加的复杂性将导致单身人士增多的悲观者错了。

相比之下，每个网站的平均行为主体数量，以及这些网站连接在一起的方式在决定总体动态方面起着非常重要的作用。增加每个网站平均行为主体的数量和/或网站的连通性可以使多次约会更有效。在现实世界中，这相当于提高我们在网络上邂逅他人的次数。你可以通过活跃在社交网络或者坐等他人进入你的社交网站做到这一点。要想找到一个好伴侣，关键在于在一个重要的地方，比如社交网络的中心附近，耐心等待。

我们来讨论一下他们得出的某些结果，这些结果适用于这样的人群，他们在青少年时期开始第一次约会，然后进入成年期。我们从一个完全随机的总体开始，其中男女人数相等，但偏好是随机选择的，以模拟真实总体中的多样性。一开始，他们都没有恋爱，也没有任何恋爱史。因此，每个人都被贴上了0S的标签，每个人都可以在这个社交网络上自由活动。随后，理查德和戴维让他们建立关系。男性和女性开始进入一段关系，关系的持续时间取决于其偏好清单的匹配度。大多数配对都不完美，这些人会分手。就像在现实生活中一样，恋爱关系的时长差异可能非常大。例如，有几对儿情侣确实非常般配，他们的关系持续了很长时间，但这些人真的是少数幸运儿。从第一段感情中走出来的男性和女性都被贴上1S的标签，直到他们根据偏好清单的相似性找到另一个约会对象。整个过程就这样进行着，每个人都以不同的速度从0S到0R，再到1S，以此类推。在指定的时间里，他们在这条路上走了多远，取决于他们是否足够幸运，是否遇到偏好相似度足够高的人。但平均而言，随着时间的推移，总体逐渐沿着同一条路径缓慢但确定地移动。

随着青少年逐渐成人，在长期范围内总体最终稳定下来，单身和非单身形成了固定的比例。但就像在现实生活中一样，单身者并不总是相同。这个总体不是由未婚者和已婚者组成的。相反，总体中的每个人都有恋爱阶段，也有单身阶段。

他们进一步发现，只要每个点的平均人数足够多，比如在一个有着大量社交生活的充满活力的城市，那么如图 8.1 所示，多个连续的关系会导致一个结果，即无论何时，处于恋爱中的人都要多于单身的人。图 8.2 总结了这些结果。这意味着，在一个充满活力的城市，不断约会是件非常好的事情，因为它会让更多的人处于恋爱关系中。虽然争夺真命天子 / 天女存在激烈的竞争，但充满活力的城市拥有大量的资源。换句话说，在容易到达的场所有大量潜在的伴侣人选。因此，如果个体配对的频率较高，那么总体的表现就会更好。相比之下，在乡村环境中，社交网络中每个点的人数较少，多次约会实际上会导致更多的人在某一特定时刻处于单身状态，而不是处于恋爱状态。这与资源有限的情况相符。因此，如果配对的次数不太频繁，总体就会表现得更好。有趣的是，在完全不同的环境中，这两种资源（高水平和低水平）的结果模拟了我们在第 5 章中讨论的内容。我们发现，对于一个资源匮乏、竞争激烈的群体来说，建立联系是没有好处的。相比之下，在资源丰富的情况下，建立部分联系对总体是有益的。二者的结果本质上是相同的，只不过处于完全不同的背景中。

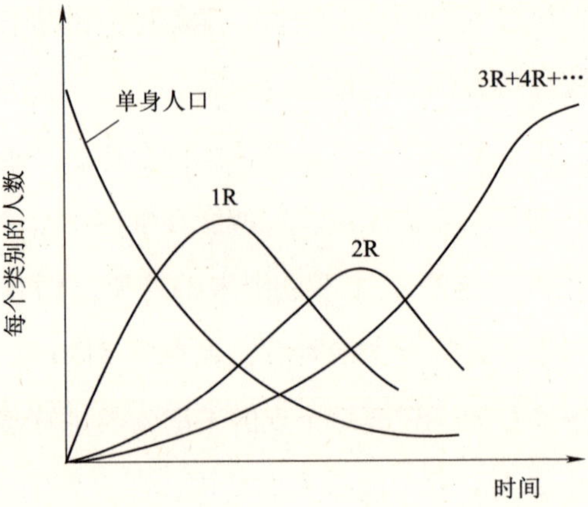

图 8.2　城市中的社交活动。结果表明，如果社交网络中每个点的人数足够多，比如在繁华的城市中，最终恋爱人数会超过单身人数。

你的超级约会来了

给这个模型做一个有趣的修改：增加“超级约会对象”。假设更有魅力的人的突然出现可以让现有的情侣分手。换句话说，新出现的人更能满足一对儿情侣中某人的偏好。我们可以使用计算机模型，来发现在添加“富有魅力”的人的情况下会发生什么。换句话说，他们几乎拥有人人都渴望的特点。事实证明，以这种方式分手（例如，在晚宴上邂逅更好的人）会对总体动力系统产生奇怪的影响。这种极富魅力的男性和女性往往会破坏许多较弱的关系，但他们自己在任何时候都只能建立一段关系。显然，这是一个破坏性的过程，但关系的破裂间接地让单身者寻找更好的伴侣。他们可能会枉费时间追求超级对象，但这个过程会让他们偶遇比前任更适合的人。

虽然我们讨论的是约会，但这种模式同样适用于寻找客户的企业、寻找企业的客户，或寻找合作伙伴的机构、在互联网上寻找贸易伙伴的人、在网页上寻找匹配词的搜索引擎。例如，你可能是某家天然气公司的客户，但内心深处却认为另一家公司更适合。但是否换公司，取决于你的阈值。除非另一家公司的人上门拜访，给了你所需的动力，否则你可能不太愿意换公司。然而，这和标准的浪漫约会有一个很大的区别：在商业和政治舞台上，关系通常是多重的，也就是说，一家公司与许多客户都有关系。允许“一夫多妻制”！

更复杂的约会场景

理查德·伊卡伯和戴维·史密斯与汤姆·考克斯合作，对这一模型进行了各种有趣的归纳。例如，他们引入出生和死亡，以模拟由外部不断补充单身男女的总体，同时将一些人永久地排除在约会市场之外。事实证明，这种情况会在总体内产生一种非常稳定的状态。换句话说，用新血液来补充总体对健全的约会场景有好处。他们还表明，对单身者来说，重新塑造自己，或者说创造一个新的个人表型是有益的。特别有趣的是，失败的行为主体试图通过复制成功的行为主体来重建自我。

戴维·史密斯和本·伯内特进一步利用数学描述了该模型，他们让每个人坚持一种行事方式，即最大限度地延长与伴侣相处的时间。一个人在一段关系中花的时间越多，得到的满足感就越多。这提供了一套更复杂的约会场景和局面。他们通过数字发现，期望的满意度水平、建立关系的阈值和个体的复杂度之间存在高度非线性关系。为了解释这一发现，他们发展了一种分析理论，该理论与行为主体在一段关系中花费的平均时间量和在网络中找到合适伴侣的概率有关。他们的分析适用于任何网络拓扑结构，并且可以做出调整，以包含有偏倚的互动。例如，它可以描述有可能遇见前任的情况。我相信，我们对这种重逢都有自己的看法。

狼、狗和羊

在生活中，许多情况下人们想要阻止伴侣关系或群体的形成，这些模型可以提供见解。一个明显过时的例子是监督者。作为第三方的监督者的引入是为了防止关系的形成。在医学领域也有关于超级细菌和病毒的有趣例子。假设出现了一种杀不死的超级细菌或病毒，只要有合适的第三方，换句话说，一种合适的蛋白质、微生物或人工纳米机器，就有可能让这种超级细菌或病毒远离特定的无防御能力的健康细胞、组织或器官。

这就提出了一个有趣的问题，即监督者所采取的策略应该是防御型还是进攻型？用涉及狼、狗和羊的畜牧业类比可能更容易解释该问题。想象一下，你管理着一群毫无防备能力的羊，你知道附近有狼。你可以让几条狗来阻止狼接近羊群。问题是：为了防止狼－羊组合的形成（防止狼吃羊），你应该训练你的狗遵循什么策略？狗应该冒着让羊群失去保护的风险去驱赶狼，还是应该包围羊群，防止狼的突围？目前，波哥大洛斯安第斯大学的罗伯托·扎拉玛和胡安·卡米洛·博霍克斯正在研究该问题，我们将在第 10 章中探讨。

第 9 章
应对冲突：下一代战争与全球恐怖主义

战争与复杂性

人们可以通过多种方式组成群体。群体形成可能是无意的。例如，像第 4 章的从众和反从众现象，某些人可能只是碰巧遵循相同的策略。群体的形成也可能是有意的，例如，在第 8 章的约会场景中，个人在寻找伴侣。本章中，我们开始思考，这些群体形成后会做什么。

人群可以是暴力的。历史上，大众发动酷刑、处决、骚乱和袭击的例子比比皆是。但最暴力的行为是人群为争夺某种利益发动的战争。为获得某物而展开的竞争等同于对有限资源的竞争，就像司机在可能拥挤的道路上争夺空间，酒吧客在可能拥挤的酒吧抢占座位，交易者在金融市场争取有利的价格。即使在约会时，为了找到稀缺的完美伴侣，我们也在努力争取，尽管是在自己的群体中。同样，战争和人类冲突的目的是争夺有限资源，这些资源可能是某个国家或地区的土地，或政治、社会和经济力量。

像在交通、酒吧或市场场景中一样，如果战争是一群人争夺有限资源的例子，那么它也是复杂性运作的例子。有趣的是，我们可以通过复杂系统分析来理解战争。这反过来表明，战争的发展与其最初的原因关系很小，更多地与人类群体行为方式相关。事实上，在战争中经常有报道说，许多战士并不知道战争的起因，也没有人告诉他们战争发起者想实现的具体目标。在南美洲哥伦比亚进行的游击战就是一个很好的例子，那里有几个不同的武装团体。事实证明，许多战斗人员并不知道己方的总体规划——他们只是想“打败对手”。

在第 6 章中，我们提到了世界不同地区的股票市场如何在其产出的价格系列中显示相同的分形模式。我们将其归因于这样一个事实：任何特定市场的走势都只是反映了其交易者的活动。而且，无论他们来自哪里，属于哪个国家，交易者都只是根据反馈给他们的信息而做出决策的人。尽管他们偶尔会对环境中的外部事件做出反应，但大多数交易者的行为都是内源性的，他们对过去的集体决策做出反应与第 4 章中的日常情景一样。那么，为什么不能用同样的推理来解释战争的动力学演化呢？在本章中，我们将看到一些近期的研究，这些研究为战争的普遍性提供了强有力的支持，指出战争是人类普遍活动的结果。

战争曾经很简单。更确切地说，过去，理解战争如何进行比较简单。简单的原因有几个。第一，通常只有两股敌对势力。例如，撒拉逊人和十字军。就像上帝和魔鬼，或者善良的一方和邪恶的一方。当然，这取决于你站在哪一边。第二，双方的武器相似。换句话说，双方使用相同的技术。第三，两军的规模大致相当。因此，双方都愿意并准备以类似的方式战斗。所以战争的形式都是常规的、传统的。由于势均力敌，战争的展开通常是我军排在一边，敌军排在另一边，双方在黎明到来时大战一番。没有什么惊喜的元素。当势力变得不那么均衡时，例如，一支军队发现自己在更有利于对方的地形上作战，或者自己的士兵少得多，战略就变得更加重要。但总体来说，双方仍保持着基本的均衡。

随着帝国和殖民历史的发展，战争双方的势力变得不那么均衡。在不对称的情况下，两军的规模不再相当，各自的技术和武器也不再相似。事实上，平民也可能使用手工制作的武器随时准备参加战斗。因此，对传统军队来说，“敌人”可能会变得相对无组织，拥有更多的临时装备和武器。由于他们人数众多，与平民难以区分，因此更加致命。越南、北爱尔兰和阿富汗的情况就是如此。伊拉克和哥伦比亚的情况也是这样。

除了这种随时间推移而增加的不对称性，近期的战争通常还涉及多方势力。在有两个明确参与者进行的“战争博弈”中，不管双方在规模和/或技术优势上是否相似，A 方都会对预期的 B 方举动做出反应。或者，像在国际象棋中一样，A 方会主动行动，阻止 B 方取得可能的优势。结果通常会陷入僵局。双方要知道自己应采取什么行动，只需猜出对方可能的行动，或看看对方刚采取的行动即可。因此，在只涉及两方势力的情况下，战争虽然依旧可怕，却相对简单，如同只有两个玩家的游戏。

战争如果涉及三个或三个以上的势力——无论是叛乱分子、游击队、准军事部队还是国家军队，就会变得复杂得多。正如我们在第 2 章和第 8 章中提到的，可能会出现受阻。如果 A 憎恨 B，B 憎恨 C，是否意味着 A 一定喜欢 C？不一定。像爱一样，恨可以是多方面的。同样，我们只需想想哥伦比亚等地发生的叛乱（那里有许多武装组织），就能看到潜在的复杂情况。A 支持 B，B 支持 C，但是 A 憎恨 C。因此，A 开始与 B 对抗，从而不利于 C，整个过程继续下去。许多现代冲突持续不断，却得不到明确的结论，受阻可能是其原因所在。二者为伴，三者复杂。正如我们在本书中看到的，这种“多团体”状况的动态和时间发展是非常复杂的。像其他复杂系统一样，任何战争都有可能自发地产生极端事件，如同市场会自发崩溃，交通会自发拥堵。

多个参与者卷入的战争，其发展可以被视为诸多种类生物共存的生态系统。例如，哥伦比亚战争涉及几支游击队、恐怖分子、准军事部队和军队。但使战争如此复杂的原因是，没有人确切了解各类组织在某一时刻会如何互动。例如，如果 A 军的游击队遇到 B 军的游击队，会开战吗？还是选择联合起来对付附近的 C 军？或者，只是忽略甚至有意回避对方？这些状况是如何随时间的推移发生变化的呢？

使这一问题更加复杂的是，现代战争（如在哥伦比亚发生的战争以及在阿富汗发生的小规模战争）是在毒品贩卖等非法贸易的背景下进行的。毒品贩卖以金钱的形式为一些组织提供“食物”，以购买补给和武器来支持战争。就像生长中的真菌或癌症肿瘤一样，哥伦比亚有多个营养供应链：（1）可卡因沿着丛林流到城市，再流到美国和欧洲的供应路线；（2）可卡因供应产生了现金流；（3）被绑架的受害者从城市回到丛林。就像森林里的真菌，或长在宿主上的癌症肿瘤一样，这些武装团体有丰富的营养供应，能够自组织成相当强健的结构，这让问题难以解决。

战争是一群人发动的，他们将自己组织成群体。例如，单位、派系、帮派和军队。然后，由个人和团体做出决定，这些决定导致宣传战争的行动和事件。最重要的是，这些决定反过来又受到过去和现在事件的影响。换句话说，存在反馈。反馈的结果是，所讨论的对象会以一种潜在的复杂方式相互作用。最终的结果是，在特定的战争中发生了复杂的袭击和冲突，每次袭击或冲突往往会造成伤亡。尽管这令人震惊，但从复杂系统的角度来看，重要的一点是，伤亡数据可以衡量战争的动态。

伦敦大学的迈克·斯帕加特与豪尔赫·雷斯特雷波及其哥伦比亚波哥大 CERAC（冲突分析资源中心）的团队一起，对许多战争袭击和伤亡数据进行了详细的分析，包括伊拉克和哥伦比亚战争。出乎意料的是，他们在这些伤亡数据中发现了模式。更值得注意的是，他们发现伊拉克和哥伦比亚这两场看似无关的战争，其模式是一样的。这表明，无论这两场战争的起因或背后的意识形态如何，叛乱集团的运作方式是相同的。

迈克和豪尔赫的研究团队还开发了一个基于群体形成的数学模型，该模型描述了叛乱组织运作的场景。它与在伊拉克和哥伦比亚观察到的模式非常契合。这意味着模型中描述的方法已成功捕捉到真正的叛乱势力在这些国家的运作方式。该模型表明，两场战争中的叛乱都涉及松散的“袭击单位”，它们随时间的推移不断合并和分裂。特定的袭击单位发动袭击，往往会造成与其兵力成比例的伤亡。因此，这些袭击单位的兵力分布反映了战争中的伤亡人数分布。这正是他们的发现。事实上，该模型几乎完美再现了他们从伤亡数据中发现的模式。迈克和豪尔赫的发现非常了不起，我们将在“现代战争和恐怖主义的普遍模式”一节中详细讨论。但首先我们要回到 20 世纪早期，去理解这些模式的意义。

战争定律

我们的故事始于刘易斯·弗莱·理查森，他在第一次世界大战期间担任救护车司机。他搜集了 1820 年至 1945 年间每场战争的伤亡人数。当他将这些数字绘制在图表上时，他发现了一些惊人的现象。但在揭晓他的发现之前，我们需要思考一下图表通常的形状。

假设我们知道街上、城市、国家甚至世界上每个人的身高，画出这些身高分布图，就会得到图 9.1 的结果。因为没有身高 10 英尺的人，也没有低于 1 英尺的人，所以曲线会上升，然后下降，这是合理的。同时，这意味着会出现一个如同巅峰的顶点。峰值描述人数最多的身高值，换言之，它代表了典型身高。每个人的身高都接近这个值。就我们的故事而言，重要的是存在一个典型身高。想象一下，我们与某人素未谋面，但必须猜测其身高。如果图 9.1 曲线的峰值出现在 5 英尺 10 英寸[①]处，而该值附近的差幅是 8 英寸，那么我们可以很有把握地说，此人身高是 5 英尺 10 英寸，误差约为 8 英寸。

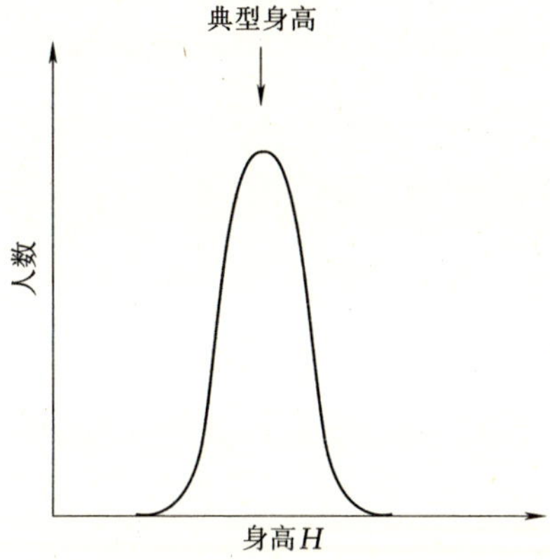

图 9.1　何为“正常”。人的身高分布图。针对所有可能的高度 H，上图显示了特定高度 H 的人数。没有 10 英尺[②]高的人，也没有低于 1 英尺的人，因此形状在中间达到顶峰，在两侧下降到零。这是合理的。这种曲线被称为钟形曲线或“正态”分布。

---

① 1 英寸 =2.54 厘米。——编者注
② 1 英尺 =30.48 厘米。——编者注

很多图表中的分布曲线看起来都是如此。例如，关于路上的车速的分布曲线。在这两种情况下，形状都是相同的钟形，也就是所谓的“正态”分布。这是有原因的：两种情况下的平均值取决于某种结构性的预定因素，而平均值附近的分布是由环境的特殊原因造成的。就身高而言，基因和遗传因素导致人体长到某个高度。如果营养过剩或严重不足，那么身高最终可能会高于或低于这个值。同样的思路也适用于交通：某条路上有一些预先存在的速度限制，它通常会控制平均车速；除此之外，还有日常环境和行为方面的原因，作为个体的司机的车速可能会稍微高于或低于这个值。

根据类似的方式，理查森可能会预期，有一场“典型”规模的战争，伴随典型的伤亡人数，其数量根据具体情况上下浮动。但他的发现并非如此。他发现，在给定的总伤亡人数为 N 的情况下，战争次数随着 N 的增加而减少。换句话说，曲线没有图 9.1 所示的峰值。伤亡很少的战争数量占曲线的最大部分，然后曲线就下降了。也许这一发现稀松平常，但他接下来的发现肯定令人震惊。他发现，当他以某种方式绘制图形时，图形是一条直线，而不是以过去的方式简单地递减。特别是，当他取伤亡人数为 N 的战争次数的对数，并将其与伤亡人数 N 的对数进行对比绘图时，他得到了图 9.2 所示的近乎完美的直线。(“对数”就是你在计算器上看到的“log”或“ln”。理查森当然没有计算器，他只能用学校发的对数表。)

这是个很了不起的发现。很难想象比战争更无序或无规律的事。战争的原因各不相同，发动者也各不相同，且位于不同的地区。战争看起来是独一无二的，似乎不可能出现任何明显的相似之处。然而，理查森不仅用文字陈述它们的相似，还发现了它们之间精确的数学关系。进一步说，这是一条定律，关于战争的数学定律。我的祖父曾向我讲述第一次世界大战中他在法国战壕中的恐怖经历，他可能是第一个说战争没有任何定律的人。但这是错误的。第一次世界大战是这条直线上的一个点，此后的所有战争也是如此。

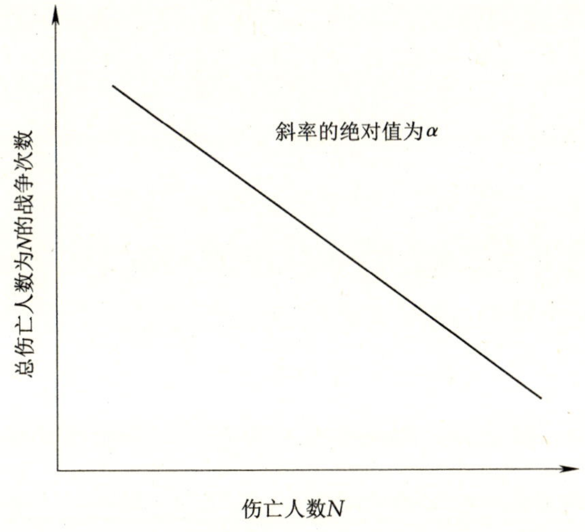

图 9.2　战争不是“正态的”。它服从幂律（power-law）分布。“幂律”这一术语与力量无关[①]。它描述了这样一个事实，在如图所示的重对数 log-log 尺度下，总伤亡人数为 N 的战争次数与伤亡人数 N 之间的关系呈现为一条直线。也就是说，总伤亡人数为 N 的战争次数的对数与伤亡人数 N 的对数之间的关系也呈一条直线。

① power 一词还有“功”的意思，作者在此处提醒幂律和物理无关。——译者注

为什么会有这样的战争定律呢？理查森并不了解，但幸运的是，我们现在可以用复杂性科学来解释他的非凡发现。线索就在我们在第 3 章讨论过的所谓生命的普遍模式中。我们发现复杂系统存在于无序和有序之间，并且倾向于产生特定类型的分形模式，看起来像 t^a。同理，伤亡总数为 N 的战争次数遵循类似于 $N^{-\alpha}$ 的数学关系。这种数学关系通常被称为幂律。像 a 一样，α 只是一个数字。现在，想象一下，我们拿起计算器，计算出伤亡人数为 N 的战争次数的对数，并将其与伤亡人数 N 的对数绘制在一张图上，结果将和图 9.2 类似。原因很简单：总伤亡人数为 N 的战争次数的对数等于 $N^{-\alpha}$ 的对数。N 的 $-\alpha$ 次幂的对数等于 $-\alpha$ 乘以 N 的对数，也就是 $-\alpha \log N$，这就是对数的运算方式。这意味着总伤亡人数为 N 的战争次数的对数，与伤亡人数 N 的对数（即 $\log N$）的关系是一条斜率为 $-\alpha$ 的直线。事实上，密歇根大学的马克·纽曼最近证明了理查森的直线——其中每一点对应某场战争的总伤亡人数——α 值约为 1.8。

与图 9.1 所示的钟形曲线分布相比，战争遵循幂律这一事实具有重要的意义。首先是好消息。与人的身高不同，最频繁发生的是伤亡最少的战争。坏消息是，会发生惨烈的战争和有大量伤亡的袭击——尽管次数很少，但会发生。这与身高的情况不同，身高超过 10 英尺的可能性为零。因此，为战争制订计划是一项复杂的任务。房屋设计师可以把入户门的高度设定在 10 英尺以内，因为他们知道永远不会出现如此高大的买家。他们也可以把台阶高度设在一英寸以上，因为他们知道永远不会出现这样矮小的人。然而，幂律的存在意味着这种假设不适用于战争。与钟形曲线不同的是，战争的分布预示着未来冲突的伤亡范围可能极其广泛。这表明，战争的规划者不应为典型情况做规划，而应为最坏的情况做准备。

我们所有的复杂性故事都有如下的意义。我们已经说过，复杂系统是对象的集合，这些对象以某种潜在的复杂方式交互，并存在某种反馈。但这也正是战争的本质。本书贯穿着一个重要观点，即人类系统是决策对象的集合，他们争夺某种有限的资源。酒吧到场问题、交通和市场都是很好的复杂系统的例子。战争也是如此。无论有限的资源是土地还是电力，都不重要。归根结底，战争“只是另一种”人类集体活动。没有“看不见的手”或中央控制器来决定谁是赢家。因此，不存在有着典型伤亡人数的典型战争。相反，像地球上所有其他复杂系统一样，敌对的双方只是通过战斗一决胜负，整个系统有它自己的生命。

现代战争和恐怖主义的普遍模式

新墨西哥大学的亚伦·克劳塞特和麦克斯韦·杨重新研究了理查森的工作——但这次是在恐怖主义的背景下。他们重复了理查森的做法，但用的是每次恐怖袭击的伤亡人数，而不是每次战争的伤亡人数。与理查森的原始结果一样，他们的发现也引人注目。尽管恐怖袭击通常分散在不同的时空——换句话说，它们分散在世界各地，很少出现。与理查森的做法一样，他们绘制出总伤亡人数为 N 的袭击次数的对数，以及伤亡人数 N 的对数。他们看到了幂律的证据。也就是说，总伤亡人数为 N 的恐怖袭击次数因 $N^{-\alpha}$ 而异。当数据局限于发生在（当时）非 G7[①] 国家的恐怖袭击时，他们发现 α 的值为 2.5。在 G7 国家发生的恐怖袭击中，他们也发现了幂律，但 α 的值为 1.7。

这就是迈克·斯帕加特和豪尔赫·雷斯特雷波研究的领域。他们与哥伦比亚波哥大的合作者——特别是奥斯卡·贝塞拉、尼古拉斯·苏亚雷斯、胡安·卡米洛·博霍克斯、罗伯托·扎拉玛和埃尔维拉·玛丽亚·雷斯特雷波一起，针对哥伦比亚 20 多年的战争，建立并分析了庞大而详细的数据集。然后，他们基于伊拉克阵亡统计小组的数据库，针对伊拉克战争做了同样的工作。研究人员本来可以汇总每场战争的伤亡人数，然后将哥伦比亚和伊拉克的数据点加到图 9.2 的理查森曲线上。然而，他们却做了一些更有趣、更特别的事情。

迈克·斯帕加特、豪尔赫·雷斯特雷波和团队其他成员的工作沿着以下思路进行：战争是遵循幂律的人类活动，但考虑到一场战争通常是由许多较小的战斗或冲突组成的，比如“战争中的战争”，我们是否也会在一场战争中看到类似的模式？换句话说，

① G7（Group of Seven），即七国集团，是一个由世界七大发达国家经济体组成的国际组织。——编者注

一场战争可以被视为一系列战中之战吗?

这正是他们的发现。尽管伊拉克战争和哥伦比亚战争的起因、动机、地点和持续时间截然不同，但他们在每场战争的伤亡人数中发现了相似的幂律模式。图 9.3 展示了这个结果。他们的发现之所以引人注目，不仅是因为战争的条件、地点不同，而且战争持续的时间也不同。伊拉克战争基本上是在沙漠和城市中进行的。在撰写本书时，这场战争只持续了几年。相比之下，哥伦比亚的游击战主要是在山区丛林进行的，已经持续了 20 多年，具有相当独特的背景，比如贩毒和黑帮活动。

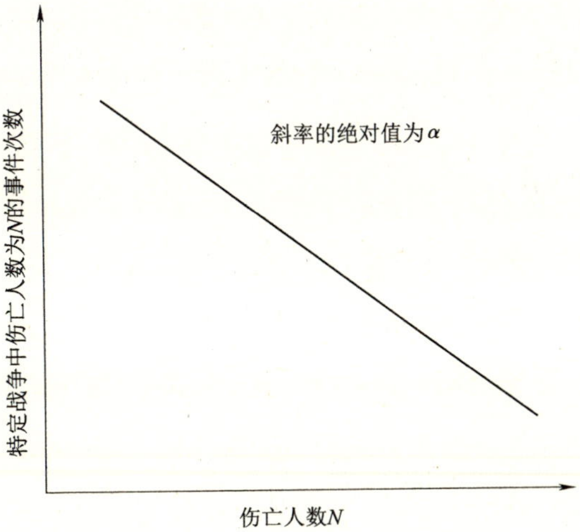

图 9.3　战中之战。特定战争中伤亡事件的模式，如伊拉克或哥伦比亚战争。这是关于特定战争中伤亡人数为 N 的事件次数与伤亡人数为 N 的重对数坐标图。

迈克和豪尔赫的发现是，随着时间的推移，现代战争的发展方式与地理或意识形态的关系越来越小，更多地与人类叛乱的日常机制有关。换句话说，与人类群体相互争斗的方式有关。这与我们在第 6 章金融市场中发现的普遍特征一致。尽管它们的位置、操作规则和年龄截然不同，但两个市场的分形参数 a 的值却非常相似（这与幂律斜率的绝对值 α 类似）。原因何在？完全是人性使然。在自然发展的、没有任何“看不见的手”或中央控制器的情况下，人类群体以这种方式相互作用，产生具有相似特征的市场，以及具有相似特征的战争。这是因为一群争夺有限资源的人是复杂系统的好例子，而复杂系统显示出一定程度的普遍性。如同市场和交通，所有战争都是复杂系统的例子。

他们深入分析，观察战争如何随着时间的推移而发展。换句话说，他们在战争初期就将其细化成段，发现每段的数据都遵循幂律。随后，他们推导出每段的幂律斜率，结果如图 9.4 所示。值得注意的是，每场战争的幂律斜率的绝对值都逼近 2.5，这与在非 G7 国家发生的全球恐怖主义斜率完全相同。这表明，这些战争和发生在非 G7 国家的恐怖主义活动显示出相同的潜在模式和特征。这反过来也表明，现代战争和恐怖主义背后的叛乱力量有着相同的运作方式。你或许会认为这是一个好消息，因为解决其中一个冲突可以为解决其他冲突提供线索。从更悲观的角度来看，也可以说，如果无法解决所有冲突，也就无法解决其中任何一个冲突。从某种意义上说，它是正在进行的大规模战争的一部分。

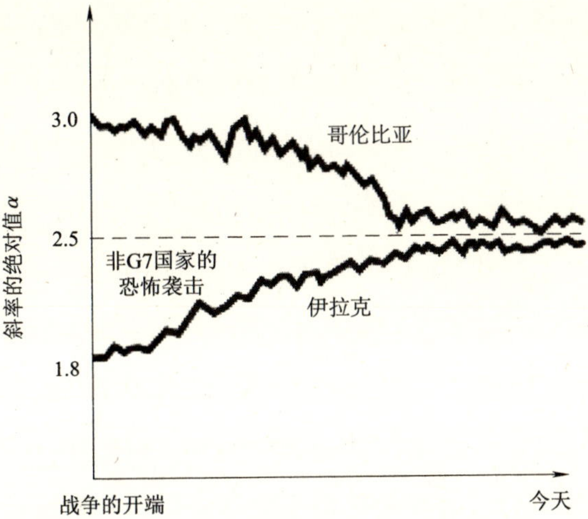

图 9.4 战争的未来？发生在伊拉克和哥伦比亚的两场现代战争，虽然截然不同，但发展方式如出一辙。其形式与非 G7 国家的恐怖袭击模式相吻合。

现代战争的复杂系统模型

但是，α 值为 2.5 有什么特别之处？换句话说，为什么在看似无关的伊拉克、哥伦比亚的战争及非 G7 国家的恐怖主义中出现了 2.5？答案在于形成群体的人类活动。

由迈克·斯帕加特及其团队开发的数学模型推出一个观点，即任何现代叛乱势力都是由独立单位组成的网络，它随着时间的推移而发展。他们称这些单位为“袭击单位”。每个袭击单位都有特定的“袭击兵力”，表明在该袭击单位参与的事件中出现的平均伤亡人数。随着战争的发展，这些袭击单位要么与其他袭击单位合并，要么解体。在真正的战争中，合并或解散可能会涉及决策过程。因此，理想情况下，人们会调用类似于第 4 章的酒吧到场问题和“走哪条路”问题的决策模型。换言之，我们说过，战争是一群人为了争夺有限的资源而产生的竞争，所以选择“选项 1（即与另一个袭击单位合并）还是选择选项 0（即解散）”的模型可能合情合理。然而，这样的模型组合很难对其进行数学分析。迈克和豪尔赫发现，他们可以用更简单的方法来描述叛乱决策，同时这种方法还可以用来解释观测到的数据。特别是，研究人员假设袭击单位用硬币来决定是合并还是解散。迈克和豪尔赫假设袭击单位以给定的概率 $1-p$ 合并，以给定的概率 p 解散（如图 9.5 所示）。然后他们让袭击单位解散或合并的过程无限进行下去。令他们惊讶的是，他们发现叛乱力量达到了一种状态，在此状态下，给定袭击兵力的袭击单位数量分布遵循幂律。每个袭击单位在任何给定事件中都会产生与其袭击兵力相匹配的平均伤亡人数，因此这种分布也是给定伤亡人数的事件数的分布。这与真实的伤亡数据非常吻合，但意外还不止于此。值得注意的是，从模型中得到的幂律斜率的绝对值为 2.5，与图 9.4 中真实战争和非 G7 国家恐怖主义的 α 值相同。这是一个令人难以置信的发现。

为什么幂律会从这种模型中产生呢？我们已经讨论过，真正的战争是一个复杂系统，但是模型呢？我们在第 3 章中看到，生成幂律需要反馈，那么在迈克和豪尔赫的模型中，反馈来自哪里？它是这样产生的：袭击单位可能会解散或合并，它们在某一时刻的分布取决于这一刻之前的情况。根据定义，这意味着有来自过去的反馈。由于这种反馈，袭击单位的分布，以及因此造成

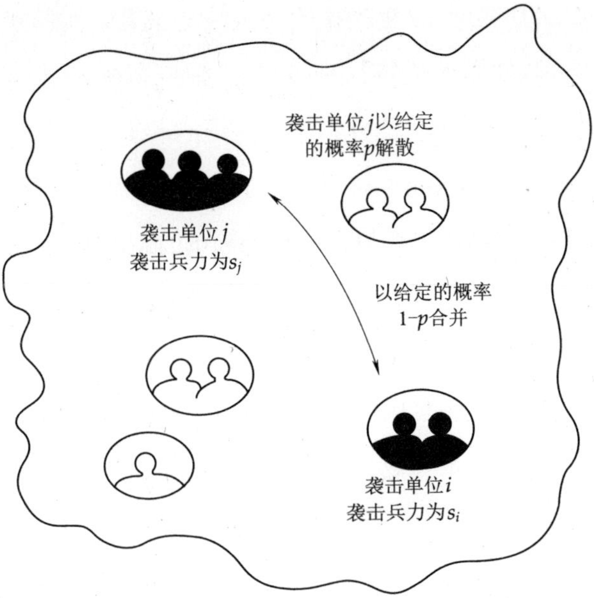

图 9.5　分裂与融合：再现幂律模式的模型。在进行中的伊拉克、哥伦比亚的战争和非 G7 国家发生的全球恐怖主义中观察到该模型。

的伤亡，既不会完全无序，也不会完全有序。它带来了复杂性，就像第 3 章中稍微清醒的醉汉漫步。这个例子给我们带来的是复杂的行走，既不像真正的醉汉那样完全无序，也不像清醒的人那样完全有序，这是一个分形。二者是等效的，但此处我们谈论的是包含叛乱分子的群体构成。

作为研究结果，迈克和豪尔赫的发现为现代战争和恐怖主义的发展提供了一种新颖的“复杂系统”解释。特别是，他们在图 9.4 中得出的结果表明，伊拉克战争是以大规模军队之间的常规对抗开始的，但盟军对伊拉克人持续施压，将叛乱分子分解成袭击单位的集合。另一方面，在哥伦比亚，相反的方式得到了同样的结果。20 世纪 90 年代初的游击队无法组成高强度的部队，因此袭击部队规模都非常小。但此后，他们逐渐获得了相当的能力，拥有了与伊拉克叛乱分子一样广泛的袭击单位分布。此外，伊拉克和哥伦比亚的战争与非 G7 国家的恐怖主义具有相同的幂律斜率，这一事实表明，目前这三个领域的袭击单位具有相同的结构。

这是个了不起的发现。战争是人类可怕的悲剧，充满了情感和非理性，这一点所有人都认同。然而，它们似乎可以用复杂性科学来解释，甚至来理解。

但一切取决于数据的质量。如果有人人为地夸大或减少伊拉克或哥伦比亚的伤亡人数，那么结果会怎样？毕竟，这么做的诱惑力很大，要看数据出自哪一方的报告。迈克和豪尔赫的工作特点是，避免他们的分析出现这类问题。结果表明，幂律的斜率与总伤亡人数无关。任何原始数字与某个常数因子进行系统相乘都不会影响斜率，因此也就不会影响 α 的值。这是因为幂律关注的是事件的模式以及因此导致的伤亡人数，而不是简单地监测累计总数。因此，迈克和豪尔赫不仅跟踪特定战争中总伤亡人数的变化，还做了一些更细致、更有洞见的工作。

让我们思考一下这个问题。想象一下，有人给了你两场叛乱战争的总伤亡人数，这两个数字很接近。它实际上并没有告诉你很多信息，这些数字只能解释为，参与战争的国家或者叛军总规模差不多。更重要的问题是，这两个叛乱组织发起战争的方式是否相似。这是考察目标——迈克·斯帕加特和豪尔赫·雷斯特雷波的幂律分析揭示的正是这个问题。简言之，他们使用复杂系统揭示现代战争中常见的隐性特征——这一点至关重要。此外，在本·伯内特和亚历克斯·迪克森的帮助下，他们正在扩展其数学模型，以描述几个不同“种类”的叛乱团体的共存状态——换句话说，一个真正的冲突生态。

袭击的时机

迈克·斯帕加特和豪尔赫·雷斯特雷波的工作阐明了大量的战争特性。然而，参战的人都清楚，及时了解袭击的模式（尤其是每天的规模）会更有用。从我们听到的伊拉克新闻来看，袭击似乎不存在任何模式。周一，巴格达可能会发生两起袭击事件，一次造成 5 人死亡，另一次造成 30 人死亡。周二，巴士拉可能会发生一次袭击，造成 10 人伤亡。这种疯狂背后存在什么条理吗？

事实证明是有的。肖恩·古利和胡安·卡米洛·博霍克斯与迈克·斯帕加特、豪尔赫·雷斯特雷波合作，从这个复杂系统中获取了输出时间序列。换句话说，他们获取了伊拉克每天发生的袭击次数的列表，并开始寻找模式。遗憾的是，大多数统计试验都需要大量数据，而伊拉克战争是一次性事件，所以它只有一组数据。因此，研究人员面临的问题与下面的情况类似。想象有人告诉你他洗了一副牌。你不相信他，所以想检查一下。如果他确实洗了牌，那么牌的出现顺序应该是随机的。但这意味着什么呢？这意味着牌的实际顺序应该看起来像彻底洗过的。现在让我们假设牌的顺序代表伊拉克战争中每天的袭击次序。具体而言，每张牌代表一天，每张牌上的点数代表当天的袭击次数。例如，梅花 3、红心 3、方片 3 或黑桃 3 对应一天中有 3 次袭击。因而，反叛者在战争期间所能发动的袭击总数，等于牌上的点数之和。肖恩和胡安·卡米洛想要查明的是，叛乱部队执行日常袭击是否有某种特定的顺序。换句话说，牌的排列是否有特定的顺序？

扑克牌的类比为肖恩和胡安·卡米洛提供了线索，告诉他们如何处理真实的伊拉克发生的袭击的数据。他们拿出一副牌，相当于每日袭击次数的集合，然后彻底洗牌，以此制造“随机伊拉克战争”。在这场战争中，连续几天的袭击次数是不相关的。他们重复这一过程，以制造大量“随机伊拉克战争”。由于对每起事件数量的分析不涉及事件规模的大小，每场随机战争的伤亡分布与实际的伊拉克战争完全相同，即它将产生与图 9.3 完全相同的幂律和斜率。然而，每日袭击次数的顺序在每个版本中是不同的。通过多次重复这一过程，他们能够了解在每日袭击次数的顺序是随机的前提下，伊拉克战争的前景如何。

他们的发现令人惊讶。伊拉克每日袭击次数的实际次序比随机战争更有序。换句话说，袭击确实存在一些系统的时间安排，即叛乱团体有预先计划。正如我们对一个包含相互竞争的决策行为主体的复杂系统所预期的那样。通过进一步探索，他们已经推断出每日袭击次数的特定序列，其中哪些袭击的频率比预期高，哪些比预期低。更令人惊讶的是，他们在哥伦比亚的案例中发现了类似的结果。毫无疑问，在本书写作之时，他们正在进行更多测试，以全面揭示这类袭击背后的时间模式。

第10章 感冒、避免超级流感和治疗癌症

天生杀手

疾病是复杂性特别黑暗的一面。最致命的疾病已经成功进入了复杂系统的核心，使其难以预测和管控，进而战胜人体复杂却有限的防御机制。癌症就是一个特别强悍的例子。可能还有许多其他疾病，或蠢蠢欲动，或尚未出现。

人类社会致力于打败威胁健康的新旧疾病的同时，病原体的世界也变得越来越复杂。自然进化过程使病原体发生变异，不断给人类带来麻烦，任何一种新的病原体都有可能突破我们身体的防御，或产生抗药性。

包括病毒和细菌在内的致命病原体的集合，不断与人类及人类的免疫系统相互作用。简言之，我们周围都是天生杀手。在本书的写作过程中，禽流感正在蔓延。大多数科学家相信，不久后，一场全球性致命流感将袭击人类，而禽流感是最有可能的触发

器。一种由 H5N1 病毒引发的禽流感特别令人担忧。大多数专家认为，这种病毒很快会自适应，使其很容易在人类之间传播，传播方式可能与人流感和感冒一样。

对人流感也不能掉以轻心。在美国，人流感通常发生在 10 月到 4 月之间，每年约有 10% 的人口（即数百万人）感染。此外，每年约有 3 万人死于其并发症。流感难以预防的原因是病毒一直在变异。在接触病毒后，我们的免疫系统可以通过产生新的抗体来逐渐适应；然而，如果病毒突变速度非常快，或者程度非常大，多数人的身体实际上是毫无防御能力的。

事实证明，即使是普通感冒也比我们强大。根据处理感冒问题的美国主要网站的数据，美国成年人平均每年患 3 次感冒，每年感冒总数约为 5 亿次。感冒是美国最常见的获得性疾病，每年造成 1 亿个工作日和 2 000 万个在校日损失，每年的经济损失约为 500 亿美元。感冒比哮喘甚至心力衰竭等疾病的成本要高得多。此外，感冒可能由 100 多种不同类型的病毒引起，每种病毒可能有几种毒株。感染过其中一种病毒的唯一好处是，我们对同一毒株的再次感染有短暂的免疫力，但只限这种毒株。正如饱受煎熬的学龄儿童的父母所知的那样，我们可以不断患上“感冒”。

从社区到班级

据美国政府研究人员估计，超级流感（比如，在人之间传播的禽流感）在学龄儿童中传播最快。他们认为，超级流感会感染大约 40% 的人，这个数字会随年龄的增长而下降。在不考虑其他经济损失的前提下，即使是一次中度疫情，卫生总成本也至少达 1 800 亿美元。基于目前对病毒在社区中传播方式的理解，人们做出了这些估计，制订了相关的应急计划。

类似流感的病毒是如何在特定群体中传播的呢？有关传染性疾病在人群中传播方式的大多数理论都倾向于将人群视为大型同质群体，平等看待群体中的每个人，认为每个人都有相同的感染或传播病毒的机会，这显然是错的。如果某人生活在与世隔绝的荒岛上，他感染或传播异地流行病毒的可能性就小得多。相比之下，学校老师感染病毒的概率要大得多。

世界人口由一组对象（人）组成，这些对象以不同的方式连接在一起。许多人与他人有强联系，例如，孩子班上的老师。换句话说，我们通常被组织成各种形式的社区，这会决定我们感染和传播病毒的机会。如果我们的社区与受感染的社区隔离，我们社区中的人感染病毒的机会就相对较低。因此，社区结构或第 5 章讨论的网络对于确定病毒的传播方式至关重要。我们被自然地组织成大小不同、相互联系程度各异的城镇和国家，基于这一事实，像禽流感这种潜在的致命病毒在全球的传播方式绝非显而易见。

因此，政策制定者面临着一个基本问题，即假设出现了一种或多种未知病毒，如何行动才能减少疾病的传播？每个社区应该做些什么，以减少病毒的传播机会？更具体地说，鉴于公共资源有限，我们应投入多少精力来控制病毒在社区内部的传播，而非社区之间的传播？

这是哥伦比亚波哥大洛斯安第斯大学的罗伯托·扎拉玛和胡安·帕布洛·卡尔德隆发出的自问。他们想进行一项实验来研究病毒在社区群体内的传播，同时，社区之间又有接触。在不了解特定病毒或其毒株的情况下，他们想知道是否能推断出社区内个体之间以及社区之间的有效联系，从而制定出减少或控制病毒的策略。此外，考虑到流感类病毒在儿童中的威力，他们想将研究重点放在儿童身上。他们想出了一个方案：在一所班级众多的大型学校里研究感冒。

儿童、感冒和传染

关于感冒的研究有很多，但其中大部分研究都在单一的社区（如监狱或潜艇）中进行。相比之下，在涉及流感病毒和超级细菌的现实世界中，重要的是社区内传播和社区间传播的竞争。

大多数社会系统包含群体或“社区”，人们在其中互动频繁。社区之间的互动通常不那么密切或频繁，但仍然存在。遗憾的是，大多数疾病传播的理论模型往往忽略了社区结构，因为它使分析过于复杂。罗伯托及其同事提出了在学校进行实验的想法，因为学校有天然的社区，即班级。换句话说，孩子们会与同班同学互动，我们称为班级内部的互动。他们在课间也会与其他班的同学互动，我们称为班级之间的互动。这些互动也会涉及老师，老师们也会在课间进行互动。

研究人员联系了新格拉纳达学校，这是一所位于哥伦比亚波哥大安第斯山高处的美国学校。校长、行政管理人员和教师，特别是巴里·麦库姆斯博士、巴里·吉尔曼博士、纳塔莉亚·赫尔南德斯女士和科学教师安妮·格雷戈里非常支持这个全校范围的项目，协助组织了项目的基础工作。该研究在学术上独树一帜，有以下重要因素：

（1）新格拉纳达学校是世界上最大的美国海外学校之一，在校生近 2 000 人，学生年龄从 4 岁到 18 岁不等，涵盖的年龄范围很广。它也是一个联系相对紧密的社区，兄弟姐妹通常在同一所学校上学。课余时间，孩子通常与父母在一起。这意味着它是一个相对孤立的系统，在学年中患感冒的人可能都是从学校其他人那里感染的。当然，不能一概而论，但这种情况非常常见。

（2）由于学校靠近赤道，没有四季变换。因此，研究人员可以忽略季节产生的影响，这往往会困扰其他地方的流行病学研究。

（3）年龄较小的孩子被组织在班级里，与同班同学的互动要比与外班同学的互动更频繁。相比之下，年龄较大的孩子更多地混在一起上课，因为学校高年级固定的教室较少。因此，存在着自然的社区结构，但像现实世界一样，社区的类型或规模各不相同，它们的连通性（即联结度）也不同。

（4）感冒通常会持续一周左右，所以测量感冒的过程只需每周进行一次。换句话说，每周询问孩子们一次是否感冒，这一频率足以跟踪感冒的传播。现在看来，这似乎只是一个小细节，但事实并非如此。老师们工作繁忙，一周内有一大堆事情要处理。几周的数据缺失是研究人员无法接受的，因此，为确保研究在很长时间内的成功实施，每周一次的询问至关重要。

（5）这项研究很容易扩展为观察感冒在学校内部，以及在不同学校之间的传播。因此，该研究涵盖的社区规模非常广泛，从班级内部的互动，到班级之间的互动，到某所学校内年级之间的互动，到某个城市学校之间的互动，到不同城市甚至不同国家学校之间的互动。此外，这项研究不需要特殊设备就可以将同样的方法应用到世界各地的学校，并对结果进行比较。这就是研究人员的工作。他们的目标是在互联网上获取所有数据，每周更新，进行有史以来规模最大的病毒传播研究。

在新格拉纳达学校，每周三早上老师都会问学生是否感冒了。然后，师生协助将这些信息存入数据库，以便进行分析。教师、行政人员、食堂员工，甚至校车司机的相关信息也会被上传到数据库。在洛斯安第斯大学的安娜·玛利亚·费尔南德斯的帮助下，研究人员对该数据库进行了分析。每个人都被分配了一个独一无二的保密的条形码，用以识别身份。他们的名字旁标记着0或1，表示那一周的情况：0表示“没有感冒”，1表示“感冒了”。由于存在少数学生没到校的情况，必须对这些数据进行整理。接下来的一周，研究人员会查看某人是否因感冒而离校。还要查看连续几周报告感冒的学生，确定他们报告的是真正的感冒，而非鼻窦炎之类的病。数据库每周都会增加一列1和0，大约有2 000个对应于学生、教师和其他职员的条目。将所有数据汇集在一起，就可以得到一张学校的感冒时间演变的数学图像。

但如何分析如此多的数据？每周增加的数据由约2 000个1和

0 组成，大部分是 0，因为在某一周只有约 10% 的学生感冒，因此只有 10% 的 1。在整个学年中，这种情况每周都会发生变化。在许多科学领域，尤其是复杂性科学中，不存在正确的数据分析答案或方法。你必须尝试找出明智的方法。该团队尝试了两种方法。首先，他们使用了我们在第 5 章中看到的网络的概念。为了查明某个周感冒的传播网络，他们对每组连续两周收集的数据进行了分析。换句话说，他们在一个网络上画出感冒从本周到下周的所有可能路径。方法是，将本周感冒的人与下周感冒但本来未感冒的人联系起来。换句话说，从第 1 周的 A 到第 2 周的 B 的联系，意味着 A 在第 1 周感冒了，而 B 在第 1 周没感冒，但在第 2 周感冒了。如果 B 在第 1 周也感冒了，则他与 A 没有联系，因为 A 不是 B 在第 2 周感冒的原因。在全校重复这一过程，产生了如图 10.1 所示的网络。

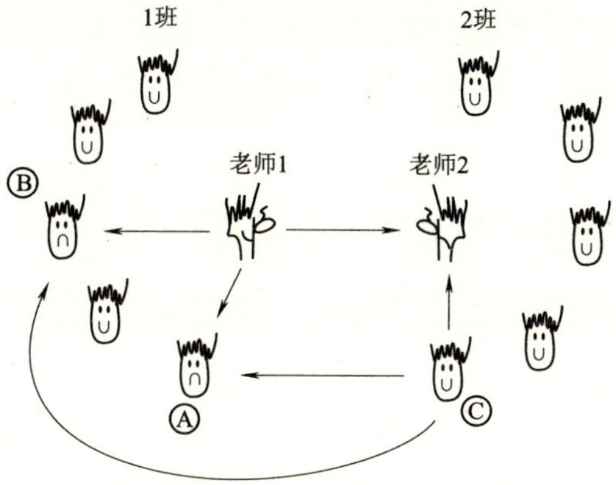

图 10.1　感冒从何而来？示意图的网络显示，在第 1 周和第 2 周期间，老师 1 可能将感冒传染给 1 班的学生 A 和 B，以及 2 班的老师 2。同样，2 班的 C 同学可能将感冒传染给 2 班的老师 2，以及 1 班的同学 A 和 B。也就是说，在第 1 周，老师 1 和学生 C 都感冒了，而老师 2 和学生 A、B 没有感冒。在第 2 周，老师 1 和学生 C 没有感冒，但是老师 2 和学生 A、B 都感冒了。

第 1 周和第 2 周的数据产生了如图 10.1 所示的单一网络。第 2 周和第 3 周的数据也产生了一个单一网络，但它不同于第 1 周和第 2 周的网络。通过这种方式，研究人员建立了一套不断变化的网络，这本质上是一组动态图像，表示感冒可能的传播路径。然后，他们从最活跃节点开始进行分析。在到处是孩子的教室里，最活跃的节点实际上是老师，这对于世界各地饱受折磨的老师来说，并不奇怪。也就是说，老师似乎是感冒的超级易感者和超级传播者。他们患感冒的次数更多，传播感冒的次数也更多。可怜的老师！随后，研究小组转向研究同一班级的人之间和不同班级的人之间的联系。换句话说，他们想推断出某个典型孩子的有效连通性，先是以其同班同学为参照，然后再以外班同学为参照。如图 10.2 所示。

在李超凡、胡安·帕布洛·卡尔德隆和贾米尔·卡萨姆的帮助下，研究人员开发了一个数学模型来表示事情的进展。他们发现，可以用一种理论来解释感冒在学校的传播。在这一理论中，1 班中的每个人（平均而言）在某一周密切接触的本班人数为 K_c，密切接触 2 班、3 班、4 班等班级的人数为 K_b。然后，他们使用了一个非常常见的物理技巧，即假设其他班级是师生群体（“海”或“泳池”）的一部分。换句话说，每个不属于 1 班的人，都变成了与 1 班互动的一部分。从 1 班的角度来看，外班群体是学校的其他部分，1 班的人对其印象模糊，分不清具体的班级和具体的人。对于 1 班的人来说，所有外班的人都只是这个大“泳池”的一部分。从 2 班的角度来看，情况也是如此，只不过 2 班的“泳池”包括 1 班，而不包括 2 班。每个班都把其他班看作“泳池”的一部分。在物理学中，众所周知，这种方法可以很好地描述复杂的相互作用的粒子集合的行为。

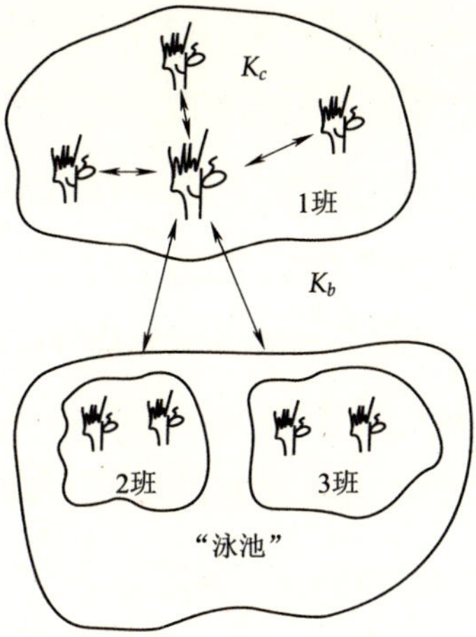

图 10.2　重要的是你认识的人。在某一周内，平均而言，每个 1 班的人密切接触的本班人数为 K_c，密切接触 2 班、3 班、4 班等外班的人数为 K_b。通过假设 2 班、3 班、4 班等外班形成了一个有效的“泳池”或“海”，其中，1 班的人基本分不清其他班级和其他人，在很大程度上简化了研究人员建立的数学理论。这是物理学中常见的方法，即以背景“泳池”替代对象系统。

利用这个数学模型，研究小组能够从数据中推断出以下信息。K_c（密切接触的本班人数）随着班级平均年龄的增加而减少。研究人员所说的“密切接触”指的是“足以传播病毒的接触”，并不是说，某人在班内一定有 K_c 个密友。只是说，就病毒传播而言，他（她）与他们进行了充分接触。这种接触可能是由于两人彼此接近（在打喷嚏的范围之内），也可能是间接的，比如，带有感冒病毒的铅笔被另一个人使用。他们还发现，“泳池”中的 K_b（密切接触的外班人数）随着班级平均年龄的增加而增加。

可以从涉及孩子、感冒和班级的真实数据中推断出重要的数字 K_c 和 K_b，这一点令人惊讶。结果是说得通的。随着孩子年龄的增长，他们在课堂上互动的时间更少（因此 K_c 减少），而在同一年级所有孩子共同参与的活动上花的时间更多（因此 K_b 增加）。年幼的孩子 K_c 更高的另一个原因是，他们通常与同龄人有更密切的身体接触，打喷嚏时很少会掩住口鼻，不太关注个人卫生。这种情况所有父母都了解。

有趣的是，病毒在社区传播的模式同样也适用于第 9 章的冲突。冲突发生时，暴力像病毒一样在相邻的社区之间传播，一个社区的暴力可能引发另一社区的暴力。它也可以用来描述金融市场中新闻或八卦的传播和扩散。现在，每个社区都是一个特定的市场或市场部门，甚至像第 5 章提到外汇市场时一样，是某种货币。就像感冒一样，一些谣言在某个社区内部传播，而另一些则在社区之间传播，如果接触人数足够多的话。因此，这个基于感冒的项目为我们提供了有价值的见解，让我们了解到病毒、新闻或谣言等是如何通过由相互联系的人群组成的复杂网络进行传播的。特别是，它告诉我们，就决定传播模式而言，社区内部和社区之间的连接差异发挥着主导作用。

控制病毒和谣言传播的意义也很有趣。研究结果表明，如果人群中正在传播一种超级病毒，并且对儿童的影响特别大，那么控制的方法大致如下。对于年幼的孩子，应该着重减少其班内接触，例如，在教室里将他们隔离。这将减少班内接触人数 K_c。对于较小的孩子来说，K_c 通常比 K_b 大，这样做有助于减少传播。对于年龄较大的群体，情况则相反：无需过多关注班内接触 K_c，而应着重关注班级之间的接触 K_b。

研究团队正将该研究扩展到其他学校，并将该数学模型的这种扩展看作在社区的另一个层面上的应用。他们还在开发“多社区”传播模型，以了解在一个金融市场中，以及在全球市场之间，新闻和谣言的传播对于不同货币和股票的影响。相关的工作包括，洛斯安第斯大学的埃尔维拉·玛丽亚·雷斯特雷波用类似的想法来分析大城市不同地区内部和地区之间的犯罪传播。

癌症：如何饿死肿瘤？

遗憾的是，病毒和谣言并非唯一的危险传播物。癌症是一种通过扩散致命的疾病。最初的肿瘤形成后，可能会扩散，变得很大，进而损害它所附着的器官。更糟糕的是，尽管这种原发性肿瘤通常可以被切除，但其细胞可能已扩散到身体的其他部位，造成各种继发肿瘤，等到被发现时已经太晚了。

癌症是复杂系统的一个例子，可怕且令人悲痛。事实上，它在各个层面都展现出复杂性：从一系列需要出错才能启动的微观和遗传过程，一直到它欺骗身体为其提供足够的营养来生长和繁衍，即使这可能意味着身体的死亡。但它实现的方式仍是个谜。医学研究界借助最新的遗传学专业知识，投入大量精力去理解这种复杂性的第一个方面。换句话说，就是在基因和分子层面观察患癌的可能。其研究动力是希望癌症在形成之前，在萌芽状态之时就可以被扼杀。

然而，癌症研究人员面临的巨大问题是，导致某种癌症的原因很多。媒体似乎总在宣布科学家已经发现了可能对癌症发展起重要作用的基因、蛋白质或分子过程。遗憾的是，即使我们的余生每天都能听到这类消息，科学家或许仍无法发现产生癌症的所有可能性。关键在于，癌症往往始于基因－蛋白质层面上的微小错误，这些错误可能以无限种方式出现。这就像某人在复制一段文本时会犯无数种拼写错误一样。在此情况下，文本相当于DNA 密码或蛋白质生产过程的分子指令。我们对所有可能的错误进行分类的机会微乎其微。事实上，在所研究的全部癌症中，我们并未观察到完全相同的错误。

人们对“复杂性”的第二个方面关注较少，那就是癌症（像植物或真菌一样）的生存和生长所需的营养供给。如第 4 章和第 5 章所述，这正是复杂系统和网络的概念发挥作用的领域。崔淑娴、亚历山大·奥拉亚·卡斯特罗、李超凡、菲利普·麦尼、托马斯·阿拉尔孔等人都认同这一理念，原因如下。很多人体内都可能存在微小的肿瘤胚胎，但它们或许永远不会危及生命。它们附近没有营养供应，所以这种小肿瘤不会长大。肿瘤的营养物质以氧气和葡萄糖的形式存在于血液中，肿瘤需要血管为其提供营养，并帮其带走废物。打个比方，想象一个汽车运输系统，食物通过它供应到某个城镇（即肿瘤），垃圾也通过它运走。如果没有道路，就没有车辆；如果没有车辆，就没有食物，城镇就不会发展。看来，我们都能与小肿瘤快乐共存，甚至不知道它们的存在。

然而，遗憾的是，这种静态的小肿瘤可能不会长期存在。肿瘤随时都可能触发血管朝着它生长，很像饥饿的城镇设法说服道路向它延伸。肿瘤如何获得营养并生长壮大如图 10.3 所示。肿瘤，或者更准确地说，肿瘤内的癌细胞，通过释放促进附近新血管或毛细血管生长的化学物质来实现这一功能，该过程被称为血管生成。哈佛大学的犹达·福克曼博士是最早证明其重要性的人。由此得出的治疗方法就是使用药物来减少血管生成的影响。然而，该方法可能会遇到麻烦，因为血管生成也是一个帮助伤口愈合的过程。病人可能会因伤口无法愈合而面临死亡的危险。事实上，这就是伤口周围皮肤变红的原因——血管在生长，帮助伤口愈合。

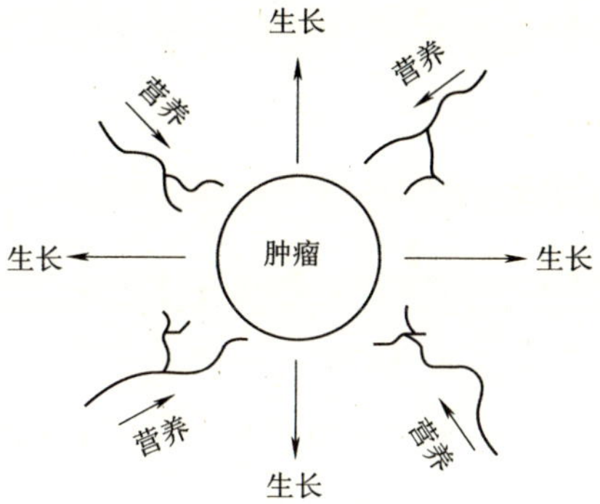

图 10.3　摄取营养能够促进生长。营养物质通过血液供给，而血液沿着血管和毛细血管形成的“道路”流动。道路网被称为“脉管系统”。

作为血管生成的结果，生长中的肿瘤会改变其潜在的营养网络，从而在营养网络的结构、肿瘤的大小和形状、功能以及致命性之间产生强反馈。就像是否存在捷径（即道路连接的方式）会影响交通网络的效率一样，毛细血管的布局也会影响肿瘤的生长。在第 7 章的讨论中，我们知道，两个网络可能有着截然不同的结构，但就从一端到另一端的平均最短路径而言，却具有相同的功能特性。癌症肿瘤亦如此。血管和毛细血管的排列方式在结构上截然不同，但将营养物质运送到肿瘤各个部位的效率却同样高（因此同样致命）。换句话说，两种不同肿瘤的两条血管网络或所谓的“脉管系统”，可能看起来截然不同，但它们可能具有完全相同的功能特性，因此具有相同的致命性。这也是医生很难预测肿瘤致死率的原因之一。

癌症与本书前面讨论的主题之间的联系还不止于此。事实证明，在更微观的层面上，肿瘤内部正在进行一场战争。在肿瘤的任意位置都有两种相互竞争的细胞群：癌细胞和正常细胞。为了生存，癌细胞会做任何事情。它们不仅要为获得生长所需的营养而战，还要为获得生长所需的空间而战。这让人想起第 4 章酒吧问题的空间竞争，以及第 9 章的战争。更概括地说，它让人想起对有限资源的竞争，本书将其标记为现实世界复杂系统的一个基本特征。事实上，癌细胞之间有着复杂的相互作用，这种相互作用随时间的推移而变化，我们可以认为它们有策略。与正常细胞不同的是，癌细胞的进化方式是避开监管机制，因此它们是一群有竞争力的个体。它们很像金融市场中的行为主体或交易者，或路上的司机。正如本书所说，行为主体的集合会以复杂的方式竞争有限的资源。因此，肿瘤的生长过程似乎应体现本书所讨论的复杂系统的所有主要特征。

以前，大多数有关恶性肿瘤生长的数学模型都以平均的方式处理竞争和营养供应问题。换句话说，就像上一章感冒研究项目中的“泳池”一样，肿瘤被视为一个无结构的模糊对象。然而，对于肿瘤来说，关键在于弄清营养物质如何被供应、被供应到何处的细节。因此,粗略的估算是不可靠的。崔淑娴和亚历山大·奥拉亚·卡斯特罗开发了一个新模型，它结合了我们迄今为止讨论过的复杂系统的所有元素。具体来说，它的特点是，在微观尺度上，行为主体（即细胞）会争夺空间和营养物质。它们的行为会反馈给潜在的营养网络，而营养网络又会给行为主体反馈。我们的想法是，利用该模型来观察在血管系统中要做出哪些改变才能阻止肿瘤的生长。毕竟，如果肿瘤不生长，肿瘤内的所有活动都停止了，病人就会安然无恙，最重要的是，他们不会死于癌症。

崔淑娴和亚历山大的模型允许我们检查肿瘤的类型（即大小、形状和生长速度），这是由癌细胞和正常细胞“行为主体”之间的竞争，以及肿瘤生长所必需的血管营养网络的相互作用而产生的。皮肤癌的例子尤为有趣，不仅因为它是人口中增长最快的癌症之一，还因为其形状通常更为粗糙。对医生来说，通过视觉识别皮肤癌是重要但非常困难的任务。希望对肿瘤的功能和结构特性之间的相互作用以及潜在血管网络的了解，可以为医生的诊断提供帮助。

我们如何才能战胜癌症？崔淑娴和亚历山大的模型表明，如果能通过减少潜在的血管系统来限制肿瘤的营养供应，不仅能阻止肿瘤生长，还可能缩小肿瘤。他们正在分析不同的初始血管模式如何促进或抑制肿瘤的生长，以及医生如何操纵或重新连接这些潜在的血管网络，才能有效地消灭肿瘤。这是一种“量身定制的饥饿”。这项工作还在继续，一些极有价值的诊断工具有可能会从中产生。为了理解其运作方式，我们可以回想一下第 7 章的内容。我们了解到，在一个“中心辐射型”网络中增加成本的效果。将中枢想象成肿瘤（见图 10.4），如果在向肿瘤输送营养物质的过程中引入“成本”，那么连接的数量，以及进入肿瘤营养路径的数量就可以保持在较低水平。更具体地说，如果连接到中枢的成本很高，就不会出现新的血管路径（即提供营养流入，同时处理废物的主要血管），现有的路径都将消失。简言之，肿瘤会变得良性。

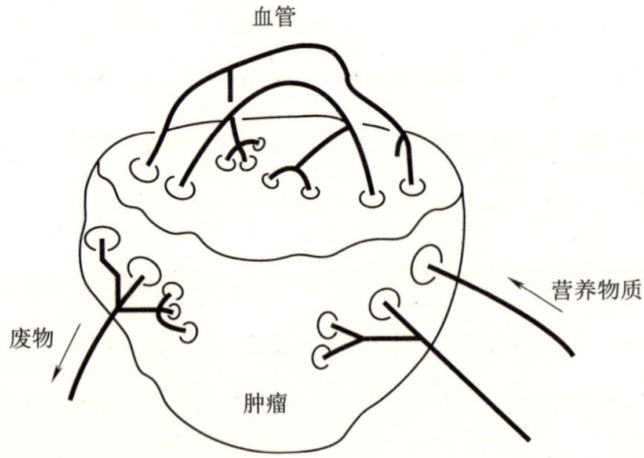

图 10.4　饿死肿瘤。如果肿瘤里的“交通流量”（即营养物质）减少，肿瘤就会被饿死，从而停止生长。

一决胜负：超级细菌与免疫系统之战

人体的免疫系统是抵御各种细菌（即病原体）的第一道也是最后一道防线，这些细菌有可能使我们患重病，甚至死亡。听起来，免疫系统很重要，但其机制非常复杂，甚至连免疫学家都不太了解。这是因为免疫系统是一组复杂对象的集合，而整个系统由非常复杂的交互和反馈网络连接在一起。因此，它是一个典型的复杂系统。

在计算机系统和信息系统中，软件相当于免疫系统。为防止大量的病毒传播，人们每天都在开发和使用软件。身体受益于免疫系统，该系统可以适应新挑战，或者更确切地说，可以在一定程度上适应新挑战。然而，在计算机系统中，每次出现新病毒时都需要编写软件。因此，无论是学术界还是商界，都特别想从生物免疫系统中学习相关技巧，尤其是，如何在软件系统中构建适应性，以保护系统免受病毒的攻击。我们只需回顾第 9 章，以及关于冲突的故事，就会意识到，不对等的战争也有一个重要的相似点，即小规模反叛力量可能会攻击大部队，并造成致命的后果。因此，在军事领域，人们对如何建立具有适当的适应性和保护性的防御系统也产生了兴趣。说得轻松一点儿，我们还可以回想第 8 章约会的例子，我们可以采取维多利亚时代父母的做法，引入监护人，执行“防御”功能，阻止感兴趣的男性 / 女性接近我们毫无防御能力的女儿 / 儿子。

那么，最好的防御方式是什么？如果身体、计算机网络节点、城市甚至国家等系统受到不明超级细菌的攻击，我们该如何组织防御？出去寻找、追捕攻击力量是最好的防御方式吗？还是包围我们的防御对象，埋伏起来等待攻击者？两种方法各有利弊。但我们应如何对其进行建模？

我们在第 8 章结尾提到了完全相同的问题，尽管是在另一个情境中。罗伯托·扎拉玛、胡安·卡米洛·博霍克斯和蒂姆·贾勒特创造了一个羊—狗—狼的游戏，模拟未知的捕食者（狼）对一群毫无防备的对象（羊）的攻击。更具体地说，他们模拟了一个场景，攻击者（狼）希望摧毁目标（羊），从而赢得游戏。目标受到防御者（狗）的保护，我们认为至少可以在一定程度上控制防御者（狗）。复杂的原因在于我们不知道狼的数量和位置，也不知道羊和狗的位置。我们是不是该让狗去搜寻狼，期待在狼发现羊之前，狗能找到狼？这种进攻性防御策略的问题在于，如果狼的数量远远超过狗，而每只狗最终都只能驱赶一匹狼，那么就会有很多狼冲进羊群吃了它们。相反，让狗从一开始就跟踪并包围羊群也可能造成问题——羊群往往会改变位置，因此狗需要比狼更好地跟踪羊群。狗走错一步，羊就会死。事实上，即使是一只羊、一条狗和一匹狼的问题也是复杂的，这是一个三体问题，当与复杂网络的运动相结合时，它会有形形色色的表现。

蒂姆·贾勒特研究了在这个游戏中，当对象在复杂的网络上移动时会发生什么，就像第 7 章的中心辐射型道路。他让狼和狗闻到附近动物的气味，以感知它们的方向，这有效地提高了狼和狗狩猎的能力。然后考察了防御者（狗）的两种行为模型：攻击和防御。我们分别称其为进攻性防御和防御性防御。在进攻性防御下，狗试图通过向攻击者发起进攻来保护目标。在防御性防御下，狗试图通过守在目标旁边来保护目标。总的来说，蒂姆发现，如果狗、羊和狼的数量较少，攻击是最好的防御形式。

该模型可以以各种有趣的方式扩展到其他应用。例如，你可以想象狗扮演警察的角色，羊是普通市民，狼是罪犯。那么如何部署有限的警察来最大程度地保护社区？蒂姆的研究结果表明，在罪犯数量较少的情况下，在其再次犯罪之前实施追捕策略，而不是试图直接保护一部分人，是一种有效的防御形式。他正在研究失去防御者、增加攻击者或腐化防御者的影响，以衡量系统的稳健性。例如，如果一条狗有可能被腐化成一匹狼，那么最好的防范策略可能是将三条或三条以上的狗放在一起。

事实证明，在第二次世界大战期间，盟军海军也出现过类似的问题，但背景完全不同。当船队被派往大西洋对岸，为盟国及其部队提供食物和机器时，海军必须决定如何护卫这些船只。这些补给船通常没有防御能力，因此是我们游戏中的羊。随行的护卫舰和战列舰扮演着狗的角色，而德国潜艇则生动地扮演着狼的角色。海军通常不知道狼的位置和数量，但船队需要执行某种策略。最后，海军决定在舰船上安装黑匣子，它会不时地发出指令，指示航线的随机变化。结果，舰队就像一群漫无目的的游荡在田野上的羊，在本例中，是游荡在海上。如此一来，德国潜艇很难跟踪这些船只，也就无法用鱼雷击沉它们。复杂性与冲突再度携手共进。

第 11 章
复杂性之母：纳米量子世界

爱因斯坦的幽灵

所有人都认同，爱因斯坦是个天才。但他其实也遭受过折磨。他被使他获得诺贝尔奖的研究所折磨。那就是量子物理学。虽然爱因斯坦最为人熟知的是他在时空和相对论方面的工作，但他获得诺贝尔奖，是因为他通过量子物理学的方法解释了光电效应，即被称为电子的粒子通过光从金属中发射出来。他的发现彻底改变了我们对世界的理解。

发现的过程是这样的。人们已经证明，如果光照射到一块金属上，光就可以把被称为电子的粒子踢出来。也许这并不奇怪？毕竟光是有能量的。当然，光越亮，它的能量就越大，就会踢出更多的粒子。毕竟，如果我不断加力摇晃一棵树，就会有更多的叶子掉下来。但事实并非如此。

起初，科学家们尝试用一种非常暗淡的红光，但它没有释放出任何粒子。因此人们想象，发送同样暗淡的其他颜色的光也没有效果。事实并非如此。他们发现，尽管暗淡的红光不能释放粒子，但暗淡的蓝光却可以。所以光的能量与颜色有关。真正令人惊讶的是，调亮红光完全没有任何效果。即使将你能想象到的最强的红光投射到金属上，粒子也不会脱离。然而，极其微弱的蓝光却足以释放粒子。这到底是怎么回事？

爱因斯坦给出的解释是，不应将光的效应看作一种震动运动（或用专业术语来说，一种波），不能说光越亮，震动越剧烈，而应将其看成类似于球一样的物体流。将光投射到金属上，就像在游乐场玩打椰子游戏时的投球。光是一连串的球，而你想踢出的金属中的电子是椰子。红光表现得像非常轻的球，即使你连续快速扔出 20 个球，也会因为球太轻而无法打掉椰子。换句话说，不管你朝椰子扔多少个轻球，椰子都不会动。金属上的光也是如此。红光是由轻量球，更确切地说是由轻量的能量包或“量子”组成的。它们的持续行为就像一串轻量子弹。因此，如果我们向金属发射稳定的红光量子流，其中任何量子都不足以移动内部的粒子。不管我们的发射速度有多快，它们永远无法实现粒子的移动。相比之下，蓝光由能量相对较重的球组成。简言之，每一个单独的蓝光量子都携带大量能量。所以，即使我们只向金属发射一枚子弹，它也能移出一个粒子，就像我们掷出一个重球，能精准地击落椰子一样。

光以能量包或“量子”的形式出现，这种效应是量子物理学的直接表现。事实上，世界上的一切都以量子对象的形式存在，比如光球，我们将其统称为量子粒子。这一切令人震惊。对光电效应的解释让爱因斯坦获得了诺贝尔奖。但他的问题随之出现。事实证明，尽管单个量子粒子很奇怪，但两个或更多的量子粒子绝对很诡异。爱因斯坦把两个量子粒子集合的特殊量子特性称为“幽灵”。他称其为“幽灵”是对的，我们将在下一节说明这一点。然而，爱因斯坦从未接受过这种诡异，他余生的大部分时间都在试图证明大自然不可能如此可怕。他提出了一些挑战量子物理学的实验，由于当时的技术无法检验这些实验，它们只能在他头脑中进行论证，也就是所谓的思想实验。由于这些思想实验无法在实践中进行，争论就变成了哲学问题，在其有生之年从未得到解决。像所有悬而未决的事情一样，它一定给爱因斯坦造成了很大的困扰。

幸运的是，光学技术的进步使爱因斯坦的思想实验能够在实验室中进行。然而，对爱因斯坦来说，遗憾的是，这些实验非常确凿地表明，量子物理学是正确的。爱因斯坦否认其阴森可怕的特性，这一想法是错的。简言之，大自然确实很诡异。

三者成群，二者亦然

量子物理学确实是“一切复杂性之母”。它是宇宙万物的基础。从人体细胞到人，从糖块到飞机，从手机到棒球棒，所有一切都由量子粒子组成。我们在日常生活中没有注意到这一点，但这是事实。当我们考虑一组孤立的量子粒子时，量子复杂性的真正核心出现了。例如，我们可以把两个光量子想象成一副手套。这个类比其实很有道理，因为光量子就像手套一样有手性。换句话说，一个光量子要么是左手的，要么是右手的。我们称之为手性偏振，正因为这种偏振，宝丽来太阳镜才能很好地减弱眩光。路上积水的反射光在一个方向上是强偏振，宝丽来太阳镜可以切断这个特定的偏振方向的光，而对其他方向上的光不产生影响。因此，我们能看到周围的事物，却看不到耀眼的光。

假设在一个寒冷的早晨，你戴着手套去上班。一天结束时，假设你不小心把一只手套落在了办公室。你回到家，电话答录机上有接待员的留言，说她找到了你的一只手套。你翻开自己的皮包，取出一只右手手套。你马上知道接待员找到的是左手手套。在翻包之前，你并不知道丢的手套是右手还是左手。然而，这并不是因为丢失的手套是大自然隐藏的某种秘密。它反映的只是你尚不了解的事实。但手套知道。换句话说，任何人都可以在你之前找到答案。这个信息并非宇宙的基本秘密。你不知道只是因为你还没查看，也没有人告诉你。

现在，让我们用一副“量子手套”（一对儿量子粒子，比如两个光量子）来思考上面的故事。目前还没有商店出售它们，但我们可以像爱因斯坦一样做一个思想实验。接下来的事情是这样的。直到有人看到了其中一只手套，这个故事才开始发生变化。或者像科学家说的，有人测量了其中一只手套是左手还是右手，因为就连手套自己也分不清左右。换句话说，这是宇宙的一个基本秘密。没有人能知道哪只手套是左手或右手，直到有人在某处观察了其中一只，从而有效测量了它的手性。一旦有人这么做了，那么故事就会和之前完全一样。然而，在测量之前，每只手套都同时是右手和左手。科学家将两种可能性的奇怪共存称为“叠加”。他们还将两只手套或者说量子粒子之间的奇妙联系称为“纠缠”。

强调一下，我们并不是说每只量子手套一会儿是右手，一会儿是左手。我们的意思是，它同时是左手和右手。它同时存在于两个可能的世界中，就像两个平行宇宙。正是出于这一原因，我们所研究的这种涌现现象，也就是复杂性，远远超出了本书所讲述的任何现象。它也非常诡异。

如果接待员没找到那只量子手套，你也一直没去寻找另一只量子手套，那么宇宙将在两个平行世界中共存，每只量子手套都是左手和右手。只有当有人检查其中一只手套的手性时，宇宙才会坍缩成这样或那样的结果。这是随机的。爱因斯坦说“上帝不掷骰子”，有人回应说“不要告诉上帝该做什么”。但这种效应确实很奇怪——爱因斯坦的怀疑说明他进行了深刻思考，而不是缺乏洞察力。

我们如果仔细观察，就会发现一切事物（从冰激凌到自行车）都有复杂的双重生命，这真的非常奇怪。它产生了大量的后果，其中许多科学家仍难以理解。例如，计算机通过存储 1 和 0 来工作，但量子计算机能够同时存储 1 和 0。因此，人们推断量子计算机比任何普通计算机运行得更快——所以英特尔公司，要小心被超越了。进一步说，人们可以用这种双重身份来创造绝对安全的密码。要打开保险箱，人们要做的不再是传递密码，而是传递一组右手为 1 左手为 0 的量子手套集合。如果有人想读取你的密码，就像接待员想查看其中一只量子手套，你可以通过查看另一只手套是否已“被决定”为右手还是左手来检测这种干扰。

为了更好地理解量子粒子之间这种诡异的联系，让我们再思考一下这两只量子手套。想象一下，这两只手套处于有趣的纠缠状态，它们同时是左手和右手，同时被拉扯得越来越远。只要没有人观察到它们的手性，它们就会继续纠缠。事实上，它们可以被发送到地球、太阳系或宇宙的另一端，只要没有人注意它们各自的手性，它们仍然会以这种方式纠缠在一起。现在想象一下，地球上的某个人检查其中一只手套的手性，发现它是右手。另一只手套立即变成左手手套，不管它们相距有多远。这种看似瞬间的超距作用真的很诡异。

事实证明，自然界中许多不同类型的量子粒子都可以在这种成对纠缠（甚至三者纠缠）中产生。此外，还可以将粒子添加到粒子群中，以形成更大的纠缠粒子群。它们都有同类纠缠信息，因此在其他粒子都做出决定之前，不会决定自己是左手还是右手。事实上，许多科学家相信，相比粒子本身，这种纠缠对自然界来说更重要。毕竟，纠缠似乎携带着粒子群所能做的事情的信息。既然信息是万物的关键，那么纠缠可以说是自然界的基本现象。因此，科学家们努力工作，想查明当我们把一组纠缠的物体（即量子群）加在一起时会发生什么。特别是，量子群的表现如何？没有人真正了解。但这确实是复杂性令人惊奇的一面。此外，它支撑着我们宇宙中的一切。简言之，三个或更多的量子粒子是一组非常奇怪的量子群，两个也一样，这无疑使它成了所有复杂性之母。

植物、细菌和大脑中隐秘的纳米生命

像菠菜这种常见的蔬菜在多大程度上依赖于诡异的量子物理学？简言之，菠菜诡异吗？原则上是的，因为它像其他所有东西一样包含量子粒子。但我们能注意到这一点吗？换句话说，当我们在咀嚼菠菜沙拉时，为什么还要关心量子物理呢？事实证明，地球上的生命确实以一种基本的方式利用了量子物理学。甚至有人认为，它利用了量子物理最诡异的一面。植物，以及许多细菌都通过光合作用生产食物。利用光进行的实验表明，这个过程与我们之前提到的打椰子游戏非常相似。太阳的光包（或量子）照射在叶子上，每个颜色正确的光量子将其能量转移到叶子上。这个过程利用了让爱因斯坦获得了诺贝尔奖的量子物理学。

到目前为止，这听起来可能有点儿奇怪，但也没那么诡异。然而，问题来了。在叶子或细菌中四处传播的能量包是量子粒子，被称为激子。最近，亚历山大·奥拉亚·卡斯特罗和李超凡证明了，至少在短时间内，这些激子能以纠缠态存在。光合作用能将光能转化为化学能或“食物”，这一过程非常快速高效，因此，大自然可能在某种程度上利用了这种纠缠。亚历山大的计算表明，这种纠缠甚至可能有双重作用。它可以提高光合作用的效率，还可以减少可能的能量过载，这是一种由纠缠类型支配的群体控制。亚历山大的计算还表明，人们可以利用同样的效应来创造全新的纳米设备，包括用于采光的纳米太阳能电池或能量转换器。

由于技术原因，下文内容实际上更接近于描述紫色细菌的光合作用过程，而非绿叶的光合作用过程。但是在我们的故事中，叶子产生的额外复杂性并不重要。因此，我们只需假定绿叶的采光过程与紫色细菌的一样。正如我们上面提到的，一束阳光被吸收并产生另一类能量——激子。激子在不同大小的环状结构网络中传递，如图 11.1 所示。最终，停在最大的环上。然后，它被转移到反应中心转换成化学能量，即食物。其方式我们尚不知晓。

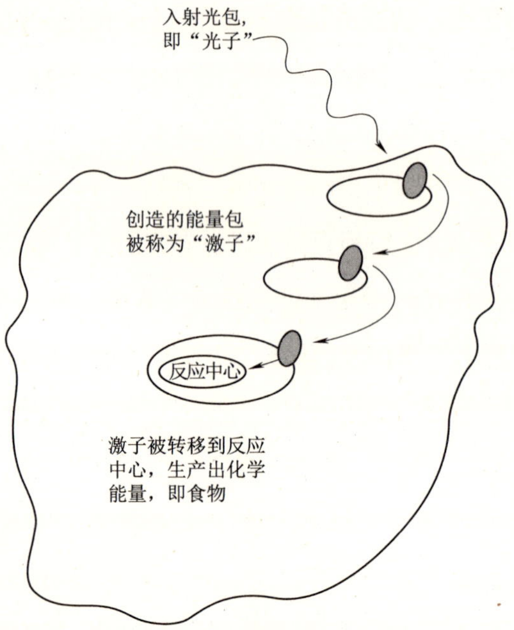

图 11.1 生命的意义。阳光转化为植物和细菌的食物。植物为动物提供食物，植物和动物为人类提供食物。因此，如果没有树叶中最初的光能转化为食物能，地球上就不会有生命。由于技术原因，这幅图更详细地描述了紫色细菌的光合作用过程，而不是绿叶的光合作用过程。但是叶子的额外复杂性对于我们的故事并不重要。因此，我们将假定二者是相同的。

亚历山大的计算表明，将激子转移到反应中心的步骤，可以通过纠缠从量子物理学诡异的一面中获得巨大利益。鉴于纠缠确实有益，以及它是一种自然发生的现象，有没有可能大自然已经在使用它？写这本书的时候，还没有实验来测试这种生物系统中是否存在纠缠。然而，这些环是由蛋白质和分子组成的，原则上，纠缠是可以测量的。唯一的问题是，如何测量？这就是波哥大洛斯安第斯大学的费尼·罗德里格斯和路易斯·基罗加的课题。他们提出了一个通用数学理论，该理论表明，如果正确处理相关纠缠系统，以及周围“泳池”中的量子效应，我们就能使用目前可用的光学设备和装置来检测纠缠。图 11.1 所示的光合作用环的实验结果如何，还有待观察。

比光合作用中的量子效应更有争议的是大脑中的量子效应。亚利桑那大学的斯图尔特·汉默罗夫和牛津大学的罗杰·彭罗斯提出了一个想法。他们声称，奇异的量子效应将出现在我们身体细胞内的微管中。微管可以被看作人体细胞中的一种支架，为细胞提供结构，但也提供各种其他功能，如为运输提供道路。微管由一组蛋白质组成，这些蛋白质以空心管的形式排列，就像空的厨房纸巾卷筒。斯图尔特·汉默罗夫和罗杰·彭罗斯认为，大脑中的微管利用量子物理学和纠缠的诡异性产生大脑功能和意识。他们相信量子包可以在这些微管中存活足够长的时间，使它们可以像量子计算机一样处理信息。这是一项了不起的壮举，因为微管中的量子——就像量子手套一样——一直处于被大脑中其他化学物质和分子“观察”或测量（从而失去纠缠）的危险中。

到目前为止，没有人知道这个说法是否正确。但它确实发人深省。毕竟，大脑是世界上最复杂的复杂系统。难道不可以想象，它是在一个由复杂之母提供动力的引擎上运行的吗？

量子博弈

也许量子力学在自然界中发挥着基础性作用，也许我们可以根据其特性设计人工设备，以增强自然过程。但是，除了销售这种新型设备的可能性，纠缠能让我们发家致富吗？也许答案是肯定的。一个全新的研究领域正在兴起，它将本书前面所讲的游戏复杂性与量子物理学的诡异复杂性相结合。该领域被称为量子博弈。

假设我们向某人挑战抛硬币游戏，对手是正常人，但我们拥有量子超能力，因为我们知道如何利用自然的能力，让粒子生活在不确定状态。我们可以想象自己有能力产生叠加态和纠缠态，比如手套同时是左手和右手。现在，假设我们用一种特殊的方式准备了一枚硬币，然后送给对手。对手可以抛硬币，也可以在将硬币交还给我们之前保持原样。在裁判看结果之前，如果我们愿意，我们可以再抛一次硬币。如果最终结果是正面朝上，对手就输了；如果是反面朝上，对手就赢了。

于是，量子博弈开始了。我们每次都能赢。但是如何做到？原来，我们使用的是量子硬币，就像手套一样，它可以同时是正面和反面。我们的对手能做的只是抛硬币或不抛硬币，但我们可以执行一系列操作。例如，我们可以将硬币置于正面和反面的叠加状态。这意味着如果我们的对手抛硬币，正面就变成反面，反面就变成正面。所以硬币保持不变。在对手完成动作，将硬币还给我们后，为了自动取胜，我们要做的就是在归还硬币时，将其两面都变成正面。保证 100% 成功。

这个想法使用单一的物体，一个量子硬币，将它置于量子的叠加状态——正反两面，就像量子手套的右手和左手。该想法是由加州大学的戴维·梅耶提出的，它点燃了量子博弈领域的火花。然而，在真正的复杂系统中，量子博弈的威力来自涉及更多玩家、更为复杂的情境。这项工作是由伦敦帝国理工学院的延斯·艾瑟特和他的同事首先完成的。澳大利亚阿德莱德大学的阿德里安·弗利特尼和德里克·阿伯特也做了重要的工作。此外，李超凡提出了量子博弈的形式理论。事实证明，涉及三个或更多参与者的量子博弈特别有趣，也特别复杂。西蒙·本杰明和帕特里克·海登，以及罗兰·凯和他的同事在该领域的研究表明，三人量子博弈的结果与相同游戏的标准日常版本完全不同。我们自己的研究小组已经证明，在量子博弈中加入一个营私舞弊的裁判员，可以使其结果由获胜变成惨败。

互联网上可能有量子博弈的商业组织方式，要做的就是让每个玩家在线提交自己的“量子手套”或量子硬币的操作指令。这相当于每个玩家执行一个动作，该动作是在裁判员控制的一组量子粒子上执行的。当所有操作都执行完毕时，裁判就会查看（即测量）这些量子硬币的集合，就像赌场管理员在一组游戏结束时检查纸牌一样。然后，裁判员宣布获胜者。即使在游戏的这个阶段，量子物理也能对裁判员进行简单可靠的检查，从而证明其价值。特别是，一套量子手套可以用来监控裁判员的每个动作。

我们有了一种全新的游戏，在这里，营私舞弊可以被检测到，可能出现大量不同寻常的赚取奖金的方式和策略。它会流行起来吗？可能在未来的某个地方会。毕竟，只要有赚钱的机会，就有人去做。用更宽泛的科学术语来说，事实证明，物理学中的很多过程也可以从对象博弈的视角观察到。因此，量子博弈提供了一个全新的视角，有助于解开量子物理学的复杂和诡异之处。

诸多错误创造正确

设想一下，我们已经制造出各种量子设备原型。要让它们完美地工作是很困难的。毕竟，我们谈论的是纳米设备，它们需要保持量子的诡异性。无论有意还是无意，测量或干扰该系统都是不允许的，否则将破坏左手和右手纠缠的双重生命。量子手套将变成普通手套，量子设备将变成普通设备。那么如何才能制造出可靠的设备呢？可以想象这样一种噩梦般的场景：制造了大量的设备，最后却发现它们都不够好。统统扔掉又太浪费了。事实证明，传统的计算机芯片就出现了这种问题。许多芯片被丢弃只是因为有很大缺陷。那么我们能做些什么呢？

答案是制造一大批量子设备。戴米恩·查莱特和我用数学方法证明，通过对这些有缺陷的设备的适当组合，我们可以制造出一种更精确（本质上更完美）的设备。事实证明，我们发展的数学理论与组合数字的复杂性密切相关。具体来说，该理论与这一问题有关，即将数字组合在一起，令其和尽可能接近零。用几个时钟就可以理解这一基本思想。假设你有一个快 5 分钟的时钟。如果你想产生完美的自动读数，只需把它连接到一个慢 5 分钟的时钟上，并让其显示平均读数。由时钟“群”得出的时间是绝对准确的。事实上，这正是水手们在海上推断正确时间的方法。他们只是收集了一些钟表，取时间的平均值或一致值。这个例子涉及的是日常时钟，但原则上，同样的想法完全有理由应用到纳米设备，甚至量子领域中。毕竟，万物最终都有一个读数，而正是在这个阶段，有效抵消错误的设备子集才会凸显出来。不断重复这一过程，任何有缺陷的设备都可以被有效回收，从而产出更多精准的设备。

让我们看看这种不完美的对象集合是如何起作用的。假设我们是钟表匠，我们生产了 6 台时钟，它们的时间相对于准确时间是 +5、+3、−8、−2、−1、+4。我们需要与那些保证误差小于等于 1 的大制造商竞争。我们是否应该扔掉已制造的时钟，再制造新的，冒着浪费额外精力和金钱，却无法制造出更准确的时钟的风险？不，我们只是将它们分成合适的“群”。如图 11.2 所示，我们可以将误差为 +3、−2 和 −1 的三台时钟组成一个群，得到一个净误差为 0 的合成时钟。简言之，+3−2−1=0。然后，我们可以将剩下的三台误差为 +5、−8 和 +4 的时钟组成一组，从而得到一个净误差为 +1 的合成时钟，因为 +5−8+4=+1。

除了利用了所有无用的时钟，我们还生产了两个近乎完美的合成装置。

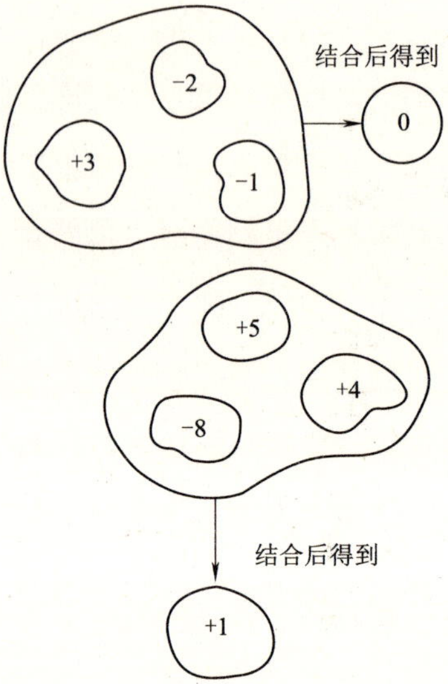

图 11.2　有中生无。通过将自身不准确的设备组合在一起，我们可以制造出更加精确的合成设备。在这个过程中，几乎没有留下废物。

结果是，作为对复杂性和群体感兴趣的副产品，我们想出了一种有效的生态解决方案来处理浪费问题。这似乎是一个很好的想法，人们可以想象大自然已经在利用它，或者人类能够利用它来纠正人类生物学中细胞层面的错误。特别是，这种组合的方法是否可以用来减少细胞缺陷的影响？

第 12 章
超越无限

物理学家的不充分无限性

我们在本书中看到，理解复杂系统的需求是由许多重要的实际应用和非常深刻的科学意义驱动的。现实世界复杂系统中出现的群体现象包括交通拥堵、金融市场崩溃、战争、癌症和流行病。这些现象是个人和社会面临的巨大挑战，从每天下班回家到养老基金的业绩，从我们的日常健康到预期寿命，因为它们可以在没有任何形式的“看不见的手”和中央控制器的情况下自发涌现。涌现现象的存在，是因为底层系统包含许多相互作用的对象，以及系统中存在某种形式的反馈。因此，出于科学和实用的原因，我们需要了解复杂系统的运作方式。

物理学研究的是大量相互作用的对象。然而，对物理学来说，构建真正的复杂性理论还任重道远。大多数物理学家含蓄地处理封闭系统，如宇宙和已经达到某种稳定状态的系统。话虽如此，物理学的一个分支试图避免这种假设，那就是非平衡统计力学领域。这就是答案吗？遗憾的是，它不是答案，或者至少其目前的形式不是。问题是，统计力学通常试图研究大量对象的极限——非常大的数量，相当于一滴液体或一个充满空气的气球中原子数量的数量级。对于一滴液体或一个充满空气的气球来说，这没问题，因为它们确实包含数量惊人的原子。例如，典型的普通体积中包含 10 的 20 次方左右的原子，即一垓。这比地球上的人口要多得多。

该理论假设存在如此多的对象，似乎不太可能恰当地表示日常复杂系统，后者涉及的数字通常不到 1 000，甚至不到 100。毕竟，在金融市场中，拥有足够的经济影响力、交易时能左右市场的人相对较少——而这一数字才真正体现了市场的真实模型或理论。因此，应用这种假设人数无穷多的理论听起来很不可靠。

当对象的量极大时，比如液体、气体和固体，物理学家开发的这种工具和理论当然非常有效。如上所述，它在物理上是可行的，因为这些系统中确实有很多原子，这在数学上也是可行的，因为有一种趋势，即大量相同的对象会表现为所有对象的平均值。此外，这类理论通常假设达到某种“温度”，这意味着系统处于稳定的状态。换句话说，你必须等很长时间才能达到这个状态。但从长远来看，人的寿命有限，所以这听起来很不可靠。因此，明智的做法是发展一种理论，它适用于处于稳定状态的无限个相同的对象——只要它适用于这个系统。遗憾的是，想要调整该理论，让它适用于非稳定状态的、具有限数量的不同对象的日常复杂系统，似乎不可行。

未来光明而复杂

然而，复杂性科学的前景一点儿都不黯淡。实际上，就模型和现实世界系统研究而言，未来非常光明。它们结合了本书讨论的复杂系统的两个关键表现形式，即多对象（或所谓的多主体群体）和网络。例如，为构建并操纵复杂网络，继而让网络反馈到决策，在多主体群体中使用决策的可能性将是一个非常丰富的研究领域，因为它是本书讨论的所有应用的共同之处。此外，还有许多我没有提到的应用有待于在物理、生物和社会科学中进行分析，它们涵盖了广泛的长度尺度和时间尺度：从量子尺度一直到宇宙的结构性质。

只需在谷歌中输入复杂性（complexity）或复杂系统（complex system），你就会知道这类研究已经启动。你会看到大量的研讨会和会议列表，它们聚焦于不同的主题和学科。其中许多旨在探索群体或决策主体网络中的竞争或合作，以了解它如何支持在社会、政治、经济和生物领域中观察到的动态发展。例如政治动荡、游击战、犯罪、觅食系统（如以真菌为例的生物有机体）和放牧问题。共同要素通常包括这一概念，即寻找有限资源的相互作用的行为主体生态学。此外，这些对象可能在复杂的动态网络上运动，它们自身的行为和发展也可能影响网络的结构和未来的发展。

关注现实世界的复杂性是极好的事，因为许多专业人士，从科学家到医生和政策制定者都已花费时间来应对复杂性的某些表现，但可能仍没有意识到这一点。换句话说，如本书所讨论的，更好地理解复杂性背后的思想，可以帮助所有人获得巨大的实际利益。

就学术发展而言，越来越多的研究团体认为，如果不能更好地理解和欣赏复杂性科学，那么人类医学、社会学或经济学将不会再取得重大进步。例如，大量的生物现象开始被归到“系统生物学”（systems biology）这一更普遍的与复杂性相关的标题之下。更多以医学为导向的项目被称为“系统医学”（systems medicine）、“纳米生物医学”（nanobiomedicine）或其他类似的混合名称。即使在遗传学中，“复杂性”思想也可以大显身手。特别是，已被测量的大量的 DNA 密码读起来应该像一本书，每个基因代表一个短语。然而，我们都知道，任何一本书的真正意义都在于这些短语的整体组合，尤其是它们之间的相互作用。因此，基因密码的真正意义很可能在于这群基因的集体行为，就像所有复杂系统一样，这种集体行为将通过互动和反馈产生。如果没有它，这本 DNA 书或许能读——但没有人能理解它的含义。

因此，正如我们在本书中看到的，复杂性不仅仅是理解交通堵塞、金融市场崩溃或肿瘤生长的重要因素，它也是宇宙的中心。因此，它是“大科学”。然而，与以往所有的“大科学”不同的是，在日常生活中它也至关重要——从我们个人的健康、财富和生活方式，到整个社会的安全和繁荣。复杂性确实是所有科学的科学（science of all sciences）。

附录
补充信息

针对本书所讨论的问题、主题和研究，本附录为感兴趣的读者提供了补充信息。在 B 部分，我提供了研究论文阅读途径的详细信息。然而，就研究论文的性质而言，写作风格通常很简洁，且包含非常具体的术语，直接阅读可能颇为困难。因此，作为进阶辅助，A 部分提供了关于复杂系统、复杂性和世界各地研究中心的普通网站，以及关于这些主题的科普书籍清单。

A. 复杂性、复杂系统和研究中心

截至目前，获取最新信息的最简单方法是在互联网搜索引擎（如谷歌）中输入“复杂性”或“复杂系统”。以下是一些可以作为探索复杂性起点的网站。该清单并不详尽——我也不能为任何个人网站背书，不能保证其当前信息是否准确或处于最新状态。然而，它们补充了本书的讨论，并为这个新领域的发展方式提供了广阔的图景。

学习指南和软件

请在维基百科上查看以下简短的学习指南式解释：

复杂性：*http://en.wikipedia.org/wiki/Complexity*

混沌理论：*http://en.wikipedia.org/wiki/Chaos_theory*

随机性：*http://en.wikipedia.org/wiki/RandomnessQuantum*

物理：*http://en.wikipedia.org/wiki/Quantum_mechanics*

纠缠：*http://en.wikipedia.org/wiki/Quantum_entanglement*

叠加：*http://en.wikipedia.org/wiki/Quantum_superposition*

癌症：*http://en.wikipedia.org/wiki/Cancer*

血管生成：*http://en.wikipedia.org/wiki/Angiogenesis*

此外，以下网站值得访问：

关于混沌、分形以及更一般的复杂系统主题的学习指南：*http://www.calresco.org/tutorial.htm*

美国印第安纳大学研究人员演示复杂系统的软件：*http://cognitrn.psych.indiana.edu/rgoldsto/complex/*

新英格兰复杂系统研究所的概括性指南：*http://necsi.org/guide/index.html*

附加的在线资源：

http://necsi.org/education/onlineproj.html

模拟：*http://necsi.org/visual/*

复杂性科学的最新发展

提供新发展概况的摘要：*http://www.comdig.org/*

参考资料列表：*http://www.comdig.org/resources.php*

复杂性学会，关注复杂性科学在人类事务中的应用：*http://www.complexity-society.com/*

普通书籍

对于那些主要对金融方面的应用感兴趣的人，我建议阅读：

N.F. Johnson, P. Jefferies and P.M. Hui, *Financial Market Complexity*（OUP, Oxford, 2003）ISBN: 0198526652

对诸如非线性、混沌、幂律和集体行为等更广泛的讨论，我建议阅读以下科普著作：

- Philip Ball, *Critical Mass: How One Thing Leads to Another* (Arrow Books, 2005) ISBN: 0099457865
- Mark Buchanan, *Nexus: Small Worlds and the Groundbreaking Theory of Networks* (Norton Books, 2003) ISBN: 0393324427
- Mark Buchanan, *Ubiquity: The New Science That Is Changing the World* (Phoenix Press, 2001) ISBN: 0753812975
- Ricard Sole, Brian Goodwin, *Signs of Life: How Complexity Pervades Biology* (Basic Books, 2002) ISBN: 0465019285

- Albert-Laszlo Barabasi, *Linked: How Everything Is Connected Everything Else and What It Means for Business, Science, and Everyday Life* (Plume Books, 2003) ISBN: 0452284392
- Steven Johnson, *Emergence: The Connected Lives of Ants, Brains, Cities and Software* (Penguin Books, 2002) ISBN: 0140287752
- Roger Lewin, *Complexity: Life at the Edge of Chaos* (Phoenix Press, 2001) ISBN: 0753812703
- Steven Strogatz, *Sync: The Emerging Science of Spontaneous Order* (Penguin Books, 2004) ISBN: 014100763X
- Duncan J. Watts, *Small Worlds: The Dynamics of Networks Between Order and Randomness* (Princeton University Press, 2004) ISBN: 0691117047
- John Scott, *Social Network Analysis: A Handbook* (Sage Publications, 2000) ISBN: 0761963391
- Duncan J. Watts, *Six Degrees: The New Science of Networks* (Vintage Books, 2004) ISBN: 009944 4968
- Per Bak, *How Nature Works: The Science of Self-Organized Criticality*(Springer-Verlag, 1996) ISBN: 03879 47914

- John Gribbin, *Deep Simplicity: Chaos Complexity and the Emergence of Life* (Penguin Books, 2005) ISBN: 0141007222
- John Gribbin, *Schrodinger's Kittens and the Search for Reality: The Quantum Mysteries Solved* (Phoenix Books, 1996) ISBN: 1857994027
- Eric Bonabeau, Marco Dorigo, Guy Theraulaz, *Swarm Intelligence: From Natural to Artificial Systems* (Oxford University Press, 1999) ISBN:0195131592

真实与虚拟的复杂性中心：

英国牛津大学，复杂系统主页：*http://sbs-xnet.sbs.ox.ac.uk/complexity/complexity_home.asp*

美国新墨西哥州圣达菲研究所，多学科研究中心：*http://www.santafe.edu/*

美国国家航空航天局智能系统部：*http://ti.arc.nasa.gov/*

密歇根大学复杂系统研究中心：*http://www.cscs.umich.edu/*

佛罗里达大西洋大学复杂系统与脑科学中心：*http://www.ccs.fau.edu/*

B. 可下载的研究论文

以下研究论文包含了本书讨论的背景细节，以及相关研究领域的报告。每篇论文末尾引用的参考文献提供了相关领域其他研究小组出版物的更多信息。我们团队合作研究的更多细节，以及本书描述的最新项目，可以在以下网站找到：

http://sbs-xnet.sbs.ox.ac.uk/complexity/complexity_home.asp

http://users.physics.ox.ac.uk/cmphys/cmt/people.htm

以下每篇论文都可以通过访问 **http://xxx.lanl.gov** 免费在线获取。

例如，要获取论文 **physics/0604121**，请访问

http://xxx.lanl.gov/abs/physics 然后输入论文编号 **0604121**

要获取论文 **quant-ph/0509022**，请访问

http://xxx.lanl.gov/abs/quant-ph 输入论文编号 **0509022**

要获取论文 **cond-mat/0506011**，请访问

http://xxx.lanl.gov/abs/cond-mat 输入论文编号 **0506011**

同样的流程适用于任何论文编号。以下列出的几乎所有的论文都已在同行评审的国际科学期刊上发表。但是，我不会提及这些期刊，因为访问一般都不是免费的。由更广泛的复杂性研究团体撰写的其他研究论文，可以从以下两个网站免费下载：

http://xxx.lanl.gov

http://www.unifr.ch/econophysics

1. physics/0604121

Title: *Multi-Agent Complex Systems and Many-Body Physics*

Authors: N.F. Johnson, David M.D. Smith, Pak Ming Hui

2. physics/0605035

   Title: *Universal patterns underlying ongoing wars and terrorism*

   Authors: N.F. Johnson, Mike Spagat, Jorge A. Restrepo, Oscar Becerra,Juan Camilo Bohorquez, Nicolas Suarez, Elvira Maria Restrepo, Roberto Zarama

3. physics/0604142

   Title: *Pair Formation within Multi-Agent Populations*

   Authors: David M.D. Smith, N.F. Johnson

4. physics/0605065

   Title: *Predictability, Risk and Online Management in a Complex System of Adaptive Agents*

   Authors: David M.D. Smith, N.F. Johnson

5. physics/0604183

   Title: *Interplay between function and structure in complex networks*

   Authors: Timothy C. Jarrett, Douglas J. Ashton, Mark Fricker, N.F.Johnson

6. physics/0604148

   Title: *Effects of decision-making on the transport costs across complex networks*

   Authors: Sean Gourley, N.F. Johnson

7. cond-mat/0604623

Title: *Optically controlled spin-glasses in multi-qubit cavity systems*

Authors: Timothy C. Jarrett, Chiu Fan Lee, N.F. Johnson

8. quant-ph/0509022

Title: *Renormalization scheme for a multi-qubit-network*

Authors: Alexandra Olaya-Castro, Chiu Fan Lee, N.F. Johnson

9. physics/0508228

Title: *Abrupt structural transitions involving functionally optimal networks*

Authors: Timothy C. Jarrett, Douglas J. Ashton, Mark Fricker, N.F. Johnson

10. quant-ph/0507164

Title: *Reply to Brankov et al.'s "Comment on equivalence between quantum phase transition phenomena in radiation-matter and magnetic systems"*

Authors: J. Reslen, L. Quiroga, N.F. Johnson

11. physics/0506213

Title: *From old wars to new wars and global terrorism*

Authors: N.F. Johnson, M. Spagat, J. Restrepo, J. Bohorquez, N.Suarez, E. Restrepo, R. Zarama

12. physics/0506134

Title: *Using Artificial Market Models to Forecast Financial Time-Series*

Authors: Nachi Gupta, Raphael Hauser, N.F. Johnson

13. cond-mat/0506011

Title: *A non-Markovian optical signature for detecting entanglement in coupled excitonic qubits*

Authors: F. J. Rodriguez, L. Quiroga, N.F. Johnson

14. cond-mat/0505581

Title: *Decision Making, Strategy dynamics, and Crowd Formation in Agent-based models of Competing Populations*

Authors: K.P. Chan, Pak Ming Hui, N.F. Johnson

15. cond-mat/0505575

Title: *Transitions in collective response in multi-agent models of competing populations driven by resource level*

Authors: Sonic H. Y. Chan, T. S. Lo, P. M. Hui, N.F. Johnson

16. physics/0505071

Title: *How does Europe Make Its Mind Up? Connections, cliques, and compatibility between countries in the Eurovision Song Contest*

Authors: Daniel Fenn, Omer Suleman, Janet Efstathiou, N.F. Johnson

17. physics/0503031

Title: *Competitive Advantage for Multiple-Memory Strategies in an Artificial Market*

Authors: Kurt E. Mitman, Sehyo Charley Choe, N.F. Johnson

18. quant-ph/0503015

Title: *Exploring super-radiant phase transitions via coherent control of a multi-qubit–cavity system*

Authors: Timothy C. Jarrett, Chiu Fan Lee, N.F. Johnson

19. physics/0503014

Title: *What shakes the FX tree? Understanding currency dominance, dependence and dynamics*

Authors: N.F. Johnson, Mark McDonald, Omer Suleman, Stacy Williams, Sam Howison

20. cond-mat/0501186

Title: *Many-Body Theory for Multi-Agent Complex Systems*

Authors: N.F. Johnson, David M.D. Smith, Pak Ming Hui

21. cond-mat/0412411

Title: *Detecting a Currency's Dominance or Dependence using Foreign Exchange Network Trees*

Authors: Mark McDonald, Omer Suleman, Stacy Williams, Sam Howison, N.F. Johnson

22. quant-ph/0412069

Title: *Optically controlled spin-glasses generated using multi-qubit cavity systems*

Authors: Chiu Fan Lee, N.F. Johnson

23. cond-mat/0409140

    Title: *Theory of enhanced performance emerging in a sparsely connected competitive population*

    Authors: T.S. Lo, K.P Chan, P.M. Hui, N.F. Johnson

24. quant-ph/0409104

    Title: *A robust one-step catalytic machine for high fidelity anti-cloning and W-state generation in a multi-qubit system*

    Authors: Alexandra Olaya-Castro, N.F. Johnson, Luis Quiroga

25. cond-mat/0409059

    Title: *Effect of congestion costs on shortest paths through complex networks*

    Authors: Douglas J. Ashton, Timothy C. Jarrett, N.F. Johnson

26. cond-mat/0409036

    Title: *Evolution Management in a Complex Adaptive System: Engineering the Future*

    Authors: David M.D. Smith, N.F. Johnson

27. cond-mat/0408557

    Title: *Plateaux formation, abrupt transitions, and fractional states in a competitive population with limited resources*

    Authors: H. Y. Chan, T. S. Lo, P. M. Hui, N.F. Johnson

28. cond-mat/0406674

Title: *Direct equivalence between quantum phase transition phenomena in radiation-matter and magnetic systems: scaling of entanglement*

Authors: José Reslen, Luis Quiroga, N.F. Johnson

29. cond-mat/0406391

Title: *Theory of Networked Minority Games based on Strategy Pattern Dynamics*

Authors: T. S. Lo, H. Y. Chan, P. M. Hui, N.F. Johnson

30. quant-ph/0406133

Title: *Quantum Information Processing in Nanostructures*

Authors: Alexandra Olaya-Castro, N.F. Johnson

31. cond-mat/0405037

Title: *Error-driven Global Transition in a Competitive Population on a Network*

Authors: Sehyo Charley Choe, N.F. Johnson, Pak Ming Hui

32. quant-ph/0404163

Title: *Efficient quantum computation within a disordered Heisenberg spin-chain*

Authors: Chiu Fan Lee, N.F. Johnson

33. quant-ph/0403185

Title: *First-order super-radiant phase transitions in a multi-*

qubit–cavity system

Authors: Chiu Fan Lee, N.F. Johnson

34. cond-mat/0403158

    Title: *Theory of Collective Dynamics in Multi-Agent Complex Systems*

    Authors: N.F. Johnson, Sehyo C. Choe, Sean Gourley, Timothy Jarrett, Pak Ming Hui

35. cond-mat/0401527

    Title: *Dynamical interplay between local connectivity and global competition in a networked population*

    Authors: S. Gourley, S.C. Choe, P.M. Hui, N.F. Johnson

36. cond-mat/0312556

    Title: *Memory and self-induced shocks in an evolutionary population competing for limited resources*

    Authors: Roland Kay, N.F. Johnson

37. cond-mat/0312321

    Title: *Enhanced Winning in a Competing Population by Random Participation*

    Authors: K.F. Yip, T.S. Lo, P.M. Hui, N.F. Johnson

38. quant-ph/0311009

    Title: *Quantum random walks with history dependence*

    Authors: Adrian P. Flitney, Derek Abbott, N.F. Johnson

39. cond-mat/0306516

Title: *Crowd-Anticrowd Theory of Collective Dynamics in Competitive, Multi-Agent Populations and Networks*

Authors: N.F. Johnson, Pak Ming Hui

40. cond-mat/0212505

Tile: *Interacting many-body systems as non-cooperative games*

Authors: Chiu Fan Lee, N.F. Johnson

41. cond-mat/0212088

Title: *Crowd-Anticrowd Theory of Multi-Agent Minority Games*

Authors: Michael L. Hart, N.F. Johnson

42. quant-ph/0210192

Title: *Non-Cooperative Quantum Game Theory*

Authors: Chiu Fan Lee, N.F. Johnson

43. quant-ph/0210185

Title: *Quantum coherence, correlated noise and Parrondo games*

Authors: Chiu Fan Lee, N.F. Johnson, Ferney Rodriguez, Luis Quiroga

44. cond-mat/0210132

Title: *Managing catastrophic changes in a collective*

Authors: David Lamper, Paul Jefferies, Michael Hart, N.F. Johnson

45. cond-mat/0207588

Title: *An Investigation of Crash Avoidance in a Complex System*

Authors: Michael L. Hart, David Lamper, N.F. Johnson

46. cond-mat/0207523

Title: *Designing agent-based market models*

Authors: Paul Jefferies, N.F. Johnson

47. cond-mat/0207386

Title: *Winning combinations of history-dependent games*

Authors: Roland J. Kay, N.F. Johnson

48. quant-ph/0207139

Title: *Game-theoretic discussion of quantum state estimation and cloning*

Authors: Chiu Fan Lee, N.F. Johnson

49. quant-ph/0207080

Title: *Exploiting Randomness in Quantum Information Processing*

Authors: Chiu Fan Lee, N.F. Johnson

50. quant-ph/0207012

Title: *Quantum Game Theory*

Authors: Chiu Fan Lee, N.F. Johnson

51. cond-mat/0206228

Title: *Crash Avoidance in a Complex System*

Authors: Michael L. Hart, David Lamper, N.F. Johnson

52. quant-ph/0203043

Title: *Parrondo Games and Quantum Algorithms*

Authors: Chiu Fan Lee, N.F. Johnson

53. cond-mat/0203028

Title: *Optimal combinations of imperfect objects*

Authors: D. Challet, N.F. Johnson

54. cond-mat/0201540

Title: *Anatomy of extreme events in a complex adaptive system*

Authors: Paul Jefferies, David Lamper, N.F. Johnson

55. cond-mat/0112501

Title: *Herd Formation and Information Transmission in a Population: Non-universal behavior*

Authors: Dafang Zheng, P. M. Hui, K. F. Yip, N.F. Johnson

56. cond-mat/0105474

Title: *Non-universal scaling in a model of information transmission and herd behavior*

Authors: Dafang Zheng, P. M. Hui, N.F. Johnson

57. cond-mat/0105303

Title: *Application of multi-agent games to the prediction of financial time-series*

Authors: N.F. Johnson, D. Lamper, P. Jefferies, M. L. Hart, S. Howison

58. cond-mat/0105258

Title: *Predictability of large future changes in a competitive evolving population*

Authors: D. Lamper, S. Howison, N.F. Johnson

59. quant-ph/0105029

Title: *Decoherence of quantum registers*

Authors: John H. Reina, Luis Quiroga, N.F. Johnson

60. cond-mat/0103259

Title: *Deterministic Dynamics in the Minority Game*

Authors: P. Jefferies, M.L. Hart, N.F. Johnson

61. cond-mat/0102384

Title: *Dynamics of the Time Horizon Minority Game*

Authors: Michael L. Hart, Paul Jefferies, N.F. Johnson

62. quant-ph/0102008

Title: *Evolutionary quantum game*

Authors: Roland Kay, N.F. Johnson, Simon C. Benjamin

63. quant-ph/0009050

Title: *Playing a quantum game with a corrupted source*

Author: N.F. Johnson

64. quant-ph/0009035

Title: *Quantum information processing in semiconductor nanostructures*

Authors: John H. Reina, Luis Quiroga, N.F. Johnson

65. cond-mat/0008387

Title: *From market games to real-world markets*

Authors: P. Jefferies, M.L. Hart, P.M. Hui, N.F. Johnson

66. cond-mat/0008385

Title: *Crowd-Anticrowd Theory of Multi-Agent Market Games*

Authors: M. Hart, P. Jefferies, P.M. Hui, N.F. Johnson

67. cond-mat/0006141

Title: *Stochastic strategies in the Minority Game*

Authors: M. Hart, P. Jefferies, N.F. Johnson, P.M. Hui

68. cond-mat/0006122

Title: *Evolutionary minority game with heterogeneous strategy distribution*

Authors: T.S. Lo, S.W. Lim, P.M. Hui, N.F. Johnson

69. cond-mat/0005152

Title: *Crowd-anticrowd theory of the Minority Game*

Authors: M. Hart, P. Jefferies, N.F. Johnson, P.M. Hui

70. cond-mat/0005043

Title: *Mixed population Minority Game with generalized strategies*

Authors: P. Jefferies, M. Hart, N.F. Johnson, P.M. Hui

71. cond-mat/0004063

Title: *Generalized strategies in the Minority Game*

Authors: M. Hart, P. Jefferies, N.F. Johnson, P.M. Hui

72. cond-mat/0003486

Title: *Crowd-anticrowd model of the Minority Game*

Authors: M. Hart, P. Jefferies, N.F. Johnson, P.M. Hui

73. cond-mat/0003379

Title: *Theory of the evolutionary minority game*

Authors: T.S. Lo, P.M. Hui, N.F. Johnson

74. cond-mat/0003309

Title: *Segregation in a competing and evolving population*

Authors: P.M. Hui, T.S. Lo, N.F. Johnson

75. cond-mat/9910072

Title: *Trader dynamics in a model market*

Authors: N.F. Johnson, Michael Hart, Pak Ming Hui, Dafang Zheng

76. cond-mat/9909139

Title: *Decoherence effects on the generation of exciton entangled states in coupled quantum dots*

Authors: F.J. Rodriguez, L. Quiroga, N.F. Johnson

77. cond-mat/9906034

Title: *Quantum Teleportation in a Solid State System*

Authors: John H. Reina, N.F. Johnson

78. cond-mat/9905039

Title: *Evolutionary freezing in a competitive population*

Authors: N.F. Johnson, D.J.T. Leonard, P.M. Hui, T.S. Lo

79. cond-mat/9903228

Title: *Minority game with arbitrary cutoffs*

Authors: N.F. Johnson, P.M. Hui, Dafang Zheng, C.W. Tai

80. cond-mat/9903164

Title: *Enhanced winnings in a mixed-ability population playing a minority game*

Authors: N.F. Johnson, P.M. Hui, D. Zheng, M. Hart

81. cond-mat/9901201

Title: *Entangled Bell and GHZ states of excitons in coupled quantum dots*

Authors: Luis Quiroga, N.F. Johnson

82. cond-mat/9811227

Title: *Crowd effects and volatility in a competitive market*

Authors: N.F. Johnson, Michael Hart, Pak Ming Hui

83. cond-mat/9810142

Title: *Self-Organized Segregation within an Evolving Population*

Authors: N.F. Johnson, Pak Ming Hui, Rob Jonson, Ting Shek Lo

84. cond-mat/9808243

Title: *Cellular Structures for Computation in the Quantum Regime*

Authors: S. C. Benjamin, N.F. Johnson

85. cond-mat/9802177

Title: *Volatility and Agent Adaptability in a Self-Organizing Market*

Authors: N.F. Johnson, S. Jarvis, R. Jonson, P. Cheung, Y.R. Kwong, P.M. Hui